SKYSCRAPERS
STRUCTURE AND DESIGN

摩天大楼结构与设计

[英] 马修·韦尔斯　著
杨娜　易成　邢佶慧　译

中国建筑工业出版社

著作权合同登记图字：01-2004-6866号

图书在版编目(CIP)数据

摩天大楼结构与设计/(英)韦尔斯著；杨娜，易成，邢佶慧译.—北京：中国建筑工业出版社，2006
ISBN 7-112-08302-8

Ⅰ.摩... Ⅱ.①韦...②杨...③易...④邢...
Ⅲ.①高层建筑-建筑结构②高层建筑-建筑设计
Ⅳ.TU973

中国版本图书馆CIP数据核字(2006)第039556号

This book was designed and produced by Laurence King Publishing Ltd, London
The moral right of the author has asserted
Skyscrapers — Structure and Design / Matthew Wells

本书由英国Laurence King出版有限公司授权翻译出版

责任编辑：程素荣
责任设计：崔兰萍
责任校对：张景秋　王金珠

摩天大楼结构与设计
[英] 马修·韦尔斯　著
杨娜 易成 邢佶慧　译
*
中国建筑工业出版社出版、发行（北京西郊百万庄）
新华书店经销
北京广厦京港图文有限公司制作
北京方嘉彩色印刷有限责任公司印刷
*
开本：880×1230毫米　1/16　印张：11¾　字数：400千字
2006年8月第一版　2006年8月第一次印刷
定价：99.00元
ISBN 7-112-08302-8
(14256)

(邮政编码100037)
本社网址：http://www.cabp.com.cn
网上书店：http://www.china-building.com.cn

目 录

案例研究

导 言

亚历山大时代的大灯塔（又称法罗斯灯塔），是古代最高的建筑结构。当年，亚历山大大帝命令将大灯塔修建在其新建城市港口的入口处，并要求该灯塔要能被50km（35英里）以外的过往船只所见，以便接近的船只可以及时做好重新排列。大灯塔高200m（650英尺），略高于坐落在其南侧320km（200英里）处的基奥普斯大金字塔。尽管基奥普斯大金字塔复杂的砌筑工程仅由两代人就完成了，但以底比斯花岗石饰面的大灯塔似乎更能体现当年令人叹为观止的高超技术。

大灯塔上的火焰日夜不停地燃烧，火光伴随的烟柱不仅可以增加灯塔的可视范围，还可以即时显示当地的风向和风势。塔内回旋的坡道用来运送燃料，同时还兼为塔身细长结构的斜向支撑。灯塔的四边均镶嵌着华丽的白色大理石——这种具有“失重”（weightless）效果的装饰立面在2000年后的今天依然清晰可辨，建筑史学家亨利－拉塞尔·希区柯克（Henry－Russell Hitchcock）称其为“国际风格”的主要特点之一。阳光在这些直角平面反射，使灯塔的可视范围在海面上扩展得更远；观光平台则赋予了这座古老的世界奇迹以现代感。

本书中提及的每一座当代高层建筑（所有在近20年内建造的摩天大楼）似乎都包含有这座古老建筑结构所体现的某些特征。然而，高层建筑物的设计并没有绝对的基本原理可循，保持各自的特色是高层建筑物设计永恒的努力目标。高层建筑物的衡量尺度主要有两个方面，一方面是功能与效用的考虑，如：天线塔、观察平台和发射台等对高度要求严格的设施；因土地价格的原因而需压缩用地面积；特殊的地基条件；特殊的建筑地点等等。另一方面，由于高层建筑物具有象征意义，因此经常成为公司、国家乃至国际等机构权力或地位的象征。

显而易见，没有任何一部国际法规可以将应用在这些现代摩天大厦上的技术封锁起来，因为它们已经渗透在彼此相通的每一座摩天大厦之中。人们始终关注：摩天大楼中的各种系统如何协同工作？应用在高层建筑结构中的新技术又是怎样受到各种因素的影响？

第一个高层住宅区，古罗马的楼房(insulae)，主要采用实用主义形式。然而，它的名字却十分独特，“孤岛”（islands），这个名称使人们从心理上将这些高层建筑物与其临近的公共环境区分开来。这些廉价的住宅公寓首先出现在罗马人口密度高且居民层次较低的彭甸沼地(Pontine)，是经济力量推动居住环境改善的早期实例。奥古斯都共和国是建立在它与城市贫民之间的独特联系的基础上的，“面包和马戏”以及这些鸡笼似的多层廉价出租小屋正是这种联系的体现。

正如法罗斯灯塔，还有许多其他古代石工技术一样［如罗马圆形大剧场、古罗马水道桥嘉赫桥(Pont Du Gard)］，“insulae”由多层楼板组成：简单的拱廊结构重复向上形成整个结构；砖和混凝土柱支承着拱形立面；石制拱顶楼面采用土或混凝土找平，以达到耐火的目的。这些大多位于岸边潮湿地区的高层建筑物和其他巨大的纪念性公共建筑一样，在满足其建造目标的同时，还带来了建筑基础理论的一次飞跃。如何将建筑物的重量分配传递至基础以及怎样避免地基的不均匀沉降是高层建筑物设计必须解决的两个难题，均已载入当时的工程建造手册。

在东方，罗马帝国与波斯王国的战争促成了交融东西方文化的混合技术与管理系统。波斯国王将俘虏的西方人和占领地居民安置在人烟稀少的广阔区域，他们在迁徙过程中带去了改善环境与利用材料的先进工程经验。幼发拉底河三角洲以东，砖的除水干燥靠日光曝晒；而在西方，已经开始使用黏质粉土烧结砖了。由于波斯国王对巨大而高耸的门廊情有独钟，硬砖技术得到了空前大规模使用。这些拱顶门廊（iwan）其实是砖与沙漠居民接待帐篷的设计概念的组合体。在近东地区，沿着河边沼泽地有许多曲顶的灰泥抹面草屋。从罗马借鉴过来的多层重叠连接技术将应用于拱顶门廊的材料和形式与这些草屋的建造方法结合了起来。采用该技术，可以使门廊的拱顶超过30m（100英尺）高。

得益于东西方技术的结合，高层建筑物持续兴旺发展。公元6世纪的拜占庭教堂、君士坦丁堡的圣索非亚大教堂比通常意义的高层建筑物更加高耸，它们是希腊建筑师的智慧与古代整体单元砌筑技术完美结合的作品。它们的结构体系集中了罗马和东方建造技术最复杂的部分，是工程原始理性主义的体现。经济合理的空间围护结构采用迭接工序完成。尽管没有相关的结构理论作指导，米利都的伊索多拉斯（Isodorus）和普罗科皮乌斯（Procopius）两名设计师仅仅通过观察，仍然掌握了结构体系的基本工作原理并加以实现。比如，从破裂的砌体中辨认出的砌筑图案可以使我们看出其据此衍生出的叠加形状的等级分类。

与此同时，在大洋彼岸的美洲印第安人（最初是阿兹台克人，后来是印加人）也建造了巨大的假山式寺庙。陡峭的外壁采用紧密啮合的石灰石和软花岗岩护坡，大量劳工花了难以想像的时间，用闪长岩做成的杵将其削凿成所要求的形状。尽管到了公元8世纪，已经有了先是青铜随后是钢等材料制成的工具可以用来切削坚硬的岩石，但当时的劳工们仍然采用古老而笨重的杵切削石料。应该说，来自南美的社会与观念束缚都制约了其在建造形式与材料使用上的根本性转变。

在中世纪的欧洲，砌体结构发展得更快，主要体现在城堡塔楼和钟楼上。由于战争的需要，弓被具有更大威力的弩所取代，同时具有防御功能的塔楼和围墙也随之发展起来。为了抵御共同的敌人，不同的军队往往进行联合，这无形中提高了进攻方围攻的规模和复杂度。反过来，防守方则发展可以处理厚重砌块的施工设备，以更加厚重的防御工程来应对。当时的史料记载表明，起重机与提升设备是建设厚重防御工程的首要装备。

15世纪早期，火药开始在战争中使用，这自然促使建筑物应当具备可以抵御火药袭击的能力。其实，中世纪对高层建筑的影响主要在于：投影学和测量设备的发展使建筑物的高度可以精确控制，从而保证堡垒建筑和城镇防御工程可以抵御火炮的袭击。

亚历山大湾的法罗斯灯塔，大约建于公元前290年，世界七大古代奇迹之一，其与现代摩天大楼的设计有许多异曲同工之处。

意大利城邦之间持续不断的战争以及威尼斯人抵抗土耳其扩张的战争，不仅促进了枪炮铸造技术的发展，同时也推动了对钟的铸造技术的研究。田野乡间星罗棋布的钟楼可以发挥多种功能：发布袭击信号，汇集整顿防守力量，庆祝军事胜利等。采用高超铸造技术打造的新型钟可以无需钟锤敲击就可发出响亮的钟声，这就使得必须对作用在钟楼顶部的水平与动力荷载重新加以考虑。人们通过采用空心墙体、加设圈梁和托梁等措施加强纤细的砖砌塔身的稳定性。当然，现存于威尼斯潟湖的钟楼也如比萨斜塔一样发生了严重的倾斜，这说明土与结构的相互作用和结构的变形失稳类似。改善上述现象的措施在于提高古代的打桩与加固等处理软弱地基的技术。

罗马帝国衰落后濒临消失的希腊思想在与阿拉伯文明接触交融后重新焕发出光彩。穆斯林将它的建筑艺术连同最初的战利品一起融入到伊斯兰清真寺细而高的尖塔中，阿訇每日在其突出的阳台上向朝拜的虔诚信徒布道。撒马拉大清真寺的螺旋形砖石坡道完美展现了一种整体的宇宙观。塞维利亚大教堂的修建则是东西方文明与技术交融的体现：吉拉尔达钟楼Giralda就是撤退的摩尔人借鉴清真寺的尖塔而修建起来的。

在北欧，中世纪的黑暗时代逐渐被教堂建筑鼎盛时代所替代。这些高耸的石制结构呈下粗上细的锥形，做工细致，装饰夸张而狂热。借助于基督徒世界广泛的交流网络以及四处游走的技工与石匠，诸如飞拱、新型拱顶、窗花等先进的建造技术传播得非常迅速，在重复使用过程中，这些技术得到了进一步完善。由于工匠对自己的技术往往保密，因此后学者只有通过正式的学习才能掌握这些技术。建筑布置几何学在交流和传承过程中的神秘色彩在一定程度上限制了日益增高的建筑物的发展规模。

乌尔姆大教堂尖顶，建于14世纪晚期，是迄今为止最高的砌体结构，建筑上部的嵌饰石工减轻了风荷载的作用。

石制结构的发展达到顶峰的代表性建筑则是德国南部乌尔姆大教堂的尖塔与法国北部博韦大教堂的高坛。乌尔姆尖塔采用开口石雕装饰，这种做法不仅可以减少作用在结构上的风荷载，还可以形成带支撑的管作为结构体系的一部分，使其所采用的结构体系趋于完美。而法国教堂高坛则是当时世界上第三个达到如此高度的建筑。筋疲力尽的建设者最后只完成了拱顶和扶垛的铺砌，该建筑的其他部分再也没有继续建造。

除了适当的设置石柱以外，砌体结构主要通过彼此之间压力将单体砌块集结成整体。直到1540年，索尔兹伯里大教堂的八角尖塔一直是800年来英格兰最高的建筑物。它以厚重的木框架结构为基本受力体系，并巧妙地采用了预应力技术。

技术体系的发展主要经历三个循序渐进的阶段：发明、改进和完善至接近完美。直至今天，技术发展所遵循的轨迹依然如此，而反复使用、不断创新和累积经验是推动技术进步的主要动力。伽利略(Galileo Galilei）是正式在推理的基础上进行结构设计的第一人，这种设计思路不仅是建筑技术进步过程中的重大革命，事实上也正是现代结构设计思想的开始。结构的规模不再受工艺经验与以往成品的限制，而是从安全与经济的角度出发，根据建筑环境的特点，设计者合理确定新建筑的尺寸。

当然，现代合理化原则并不能使每一个建筑作品都尽善尽美。雅克斯·海曼一派的作者指出，逆向分析表明有些建筑物在任何年代都不能够安全地加以改进，如，哥特式建筑。相反，根据伽利略的设计思想，有许多积极的措施可以对结构进行巧妙的处理。目前，一般建筑物大多从功能的角度出发进行改进处理。显然，这些改进措施将材料的运用与传承延续下来的建筑规则百科全书式地结合起来，带动了传统技术的巨大发展。18世纪欧洲启蒙运动促使人们开始用理智的目光审视先前已被广泛接受的传统建造技术，其标志性成果便是法国拿破仑建筑法典的诞生。这部法典是编撰21世纪具有普遍意义的全球性设计规范的样本。

人们普遍认为，现代高层建筑体现了工业化巨大发展以及文化与社会变迁。按照“技术决定论”的观点，摩天大楼仅仅只是经济和社会力量的必然产物。建筑评论家西格弗里德·吉迪恩(Sigfried Giedion)阐释的“技术决定论”在目前最具权威性。与“技术决定论”相比，基于随机理论的观点对当前摩天大楼多样性的解释更有说服力，这种观点认为摩天大楼的发展方向和模式没有必然性，它们是前面提及的各种因素的组合与随机选择的产物。基于随机理论的解释表明摩天大楼的发展没有止境，这一观点将在后文工程案例分析中进行深入讨论。

吉迪恩在他的著作《空间、时间与建筑》中陈述了摩天大楼的发展历程。19世纪末20世纪初的几十年里，钢框架结构、玻璃幕墙、电梯、电话等新技术在芝加哥和纽约汇合交融。而这个时期，恰好美国经济迈入南北战争结束后的大发展阶段。经济的鼎盛带来社会的各个方面飞速发展，如，国家交通与信息系统迅速发展完善，农业和手工业实现工业化、大型集团的开始出现等等。新型铁路与电报系统的发达导致运输价格的急剧下降，新的财富集中与贸易垄断开始产生。随着大型制造商的出现，产品质量容易得到保证，工程师团队的指导制造能力也大幅度提高，因此，生产强度高、坚固耐久的材料成为可能。

战争工业化的结果之一便是钢材的精炼与大批量生产，而这正是现代摩天大楼得以诞生并快速发展的必要条件。除了军事化用途以外，钢铁作为蒸汽锅炉和铁轨的必须材料，其发展还带来了机械制造与铁路运输的巨大进步。

早期的钢结构建筑是应用铸铁或者锻压钢构件建成的仓库和各种工棚等新建筑。拉索的应用促进了大跨度屋盖的发展。铁路系统的繁荣依赖于高质量的铁轨，即轧制铁轨的材料必须质量均匀、强度高、延性好、易于铆钉连接，同时还不会因构造或制作瑕疵而产生的高应力而导致破坏。摩天大楼采用的就是这种锻压钢材。

大型的新兴集团公司需要集权化的管理。尽管当时的电报已经能够进行远距离的交流，但是，通信业的真正飞速发展却是始于电话的出现，因为这意味着即使在同一座办公大楼里，人们也可以无需面对面地交流了。因此，贝尔在1876年发明了电话以后，立刻被推广开来。以利沙·奥蒂斯(Elisha Otis)发明了一种带有自动制动装置的电梯，这意味着楼高可以不再受到严格限制，5层的楼高也不再是建筑物的最大实用高度。电话与电梯的产生为摩天大楼的发展带来了契机。聚集在繁华昂贵地段的超大办公建筑群，开始崭露头角并蓬勃发展。

早先的美国西部城镇是一片木棚屋区。这些早期用于居住的木结构大多建于中世纪，基础厚重，且需要设置对角支撑以满足结构的稳定性要求。而组装木结构则是采用各种购买的预制构件组装或者用附近锯木厂的木构件进行简单的拼装而成。显然，早期的木结构与组装木结构相比有着明显的劣势，因此，组装木结构一出现，几乎马上将这些中世纪的木结构取代了。组装木结构的通常做法是：构件之间用钉子钉紧，整个墙面沿墙高方向设置轻质木肋，墙面表层木板同时兼作支撑。这种组装木结构又被称为“轻型木构架”，其可以看作是木构件产品工业化生产的第一个表现。轻型木构架发展迅速，但很快就被“平台框架木结构”取代。在平台框架木结构中，单个竖直构件的高度与相应的楼层高度相同，墙和楼面通过钉子彼此连接，这种木结构体系能够形成一个很大的平面空间。现在的大多数木结构房屋仍旧沿用这种做法。

摩天大楼的结构设计先驱者们抛开传统的设计偏见，将这种轻质木结构体系应用到金属结构中来。这种结构由木结构变换而来，最初采用铁横梁，后来发展到采用钢横梁。这些金属横梁均匀布置，彼此之间用铆钉铆接在一起，同时用薄板进行局部加强。这种结构体系的尺寸和高度几乎可以不受限制，而对于楼高超过5层的结构，则需要着重考虑结构抵抗水平侧向荷载的能力是否满足要求。在这种结构体系中，可以灵活采用对角支撑和肘环套结的构造措施。直到20世纪20年代初，建筑物的层数超过30层以后，人们才开始关注其他类型的结构体系。

美国芝加哥走在了高层建筑发展的前沿。芝加哥地区经济发展的压力以及日益拥挤的空间迫使要求发展高层建筑，而稳定坚固的地基条件使在该地区发展高层、超高层建筑成为可能。1889年由丹尼尔·伯纳姆(Daniel Burnham)和约翰·鲁特(John Root)设计的16层的莫纳德洛克大厦表明，建筑高度的发展并非有赖于金属技术的进步。该建筑采用巨石式的砖墙作为承重墙，底部的墙体约有0.5m(2英尺)厚，并因装饰有流行的埃及风格条纹而显得非常协调美观。

随着钢成为铁实用有效的替代品，铁结构的处理方法也被全盘改进以适用于钢结构。钢在强度和弹性上较铁有重大改进，这是由于在铁中添加碳和其他微量元素，但是要做到经济地控制碳和其他微量元素的含量并重复生产却绝非易事。因此，起初的钢材只在武器和特殊的框架结构中采

莫纳德洛克大厦，位于芝加哥，建于1889年，这种功利主义风格的建筑造型使人想起了一种古老的塔杆式寺庙，这类寺庙反映了人们对当时古埃及式建筑的偏好。

用，如快速帆船的船身等。正是在这样的情况下，在1845年的克里米亚战争中，亨利·贝西默(Henry Bessemer)找到了经济可靠的方法来大批量生产钢材，此后钢材开始在桥梁结构中广泛应用：如1867年美国由詹姆斯·伊兹(James Eads)设计的圣路易斯立交桥，英国由约翰·福勒(John Fowler)和本杰明·贝克(Benjamin Baker)设计的军事铁路大桥等。首座具有代表性的钢结构建筑物则是1889年由布拉德福德·吉尔伯特(Bradford Gilbert)设计的位于纽约百老汇大街的塔楼。

接下来要讨论的是与这些新结构规模相适应的基础设计问题，这是由桥梁建造者们首先提出来的。基础设计不仅要考虑其由于结构规模扩大而要承担更大荷载的问题，还要考虑勘察地基条件所需要的各项技术，如钻孔、声测、基坑试验等技术，这些都是保证建筑结构设计经济合理的必需手段。位于港口、河流交叉口以及低洼地区的城镇，其土质大多为地质条件较差的软弱土层，如冲积土、粉土、基本饱和土等。一般来说，一个4层建筑物的上部结构自重可能在基础底部产生每平方米20kN重力(即每平方英尺约0.2吨重力)。大部分卵石土或黏土地基都能够满足这样的应力要求。而对于一幢20层的建筑物来说，其上部结构自重则可能在基础底部产生每平方米100kN重力(即每平方英尺1吨重力)，除了最为坚硬的碎石地基外，其他任何地基在这样的应力作用下都将产生下沉。

桩基础历史较悠久，其有两种做法——端承桩基础和摩擦桩基础。最早的桩基是将成片的桩打入到软弱地基中以提高其承载力，然后在桩顶部用夯锤夯击土壤形成桩帽。意大利的威尼斯市就是建造在这种人工处理后的地基上的。这种地基处理技术在19世纪50年代的北美得到了广泛应用，主要用于高层建筑下的基础处理，并在应用过程中不断改进完善，后来称之为砂桩。砂桩具体做法是：首先在地基中用桩打孔，桩孔之间间距很小，然后把桩从桩孔中抽出，回填砂子，形成砂桩，这也是现代复合人工地基加固方法的雏形。桩基的应用对于高层建筑物发展有着重要作用，其传力方法有两种，一种是摩擦桩，即通过桩身与桩孔壁间的摩擦力将上部荷载产生的应力传递给地基，就像巨大的钉子钉入到土层中一样，另一种是端承桩，即通过桩底直接将上部荷载产生的应力向下传递到坚硬的基岩上。气锤的巨大威力以及高强度材料的出现意味着可以将更大尺寸的圆柱体压入或钻入到地层中。大桥桥墩所产生的集中荷载，恰好可以作为使箱形密封圆柱体下沉的压力。这种箱形密封圆柱体不仅可以依靠其自身重力下沉，还可以在施工以后再挖掘出来。如果在开挖锥体桩孔的过程中使用高压气流，则能够防止桩孔周围的水流入到桩底部。灌注桩基础则是随着具有更大威力的机械装置的产生而发展起来的，这种桩需要采用护壁措施，如采用泥浆护壁。为了防止开挖基坑时周围土体坍塌，则需要设置地下连续挡土墙，也就是在开挖的一条狭缝中现浇的混凝土墙结构，其能够承受很大的荷载，如果挖出其围合之内的土体，那么它就可以作为地下室的挡水墙。

美国芝加哥城下的地基土层成分从上至下依次为：厚度很大的潮湿沉积岩层、塑性黏土层、密实碎石层、基岩层。在这样的地质条件下，采用加固后的碎石基础(如采用在十字交叉的钢梁网格中间灌注混凝土形成垫层的加固方法)，能够满足大多数建筑物的荷载要求。纽约的曼哈顿地区坐落在漂移而来的页岩层上，地质条件较好；而纽约其他地方的地质条件则较差，需要采用桩基础、沉箱基础或者桩箱复合基础。进行曼哈顿生活大楼的基础设计时，第一次碰到了高层群体建筑所特有的问题：即使采用了对建筑物本身而言具有足够强度的基础形式，但一座高的建筑会使周围地基土层下沉并影响到临近其他建筑物的基础。在这种情况下，深埋的箱形基础因其可以避免对周围结构的影响而被广泛采用。

1889年由乔治·波斯特(George B.Post)设计的美国纽约的世界大楼达20层，而10年后由罗伯逊(Robert H.Robertson)设计的纽约公园街大楼(Park Row Building)更是达30层，随着结构变得越来越大，这些建筑的处理方案成为建筑设计争论的焦点。此后，建筑物的外墙不再发挥承重墙的作用，而是仅仅作为依附在钢结构上的外维护结构。在1899年，路易斯·沙利文(Louis Sulliva)宣扬其建筑实用主义的观点，并据此设计了位于芝加哥卢普商业中心的卡森·皮里·斯科特百货公司(Carson Pirie Scott)。该建筑的外墙采用白色的无釉赤陶面板，在建筑物的浅色调的外立面上，比例均匀的挑台和围绕宽大窗户的拱肩显得非常轻盈。卡森·皮里·斯科特百货公司(Carson Pirie Scott)在后来被认为是建筑史上一个重要的转折点。

与卡森·皮里·斯科特百货公司同时期的其他几座建筑物却采用了与其有所不

同的建筑表现和处理手法。在1894年由伯纳姆和鲁特设计的芝加哥的信托大楼就是其中的一例。其外墙采用轻质釉面饰面，并利用凸窗、夸张的飞檐与拱肩进行装饰。伯纳姆是一个充满智慧的设计大师，他并非执着于某种设计理念以将其发挥到极致，而是不遗余力地进行探索和实验。信托大楼设计过程完全突破了传统的设计理念，而且在当时看来似乎还摒弃了其中颇具诱惑力的部分。也正是在这一年，怀特兄弟发明了后来对人类生活产生重要影响的飞机。与此同时，伯纳姆设计并完成了当时世界上最高的摩天大楼——位于纽约的弗拉蒂恩大楼的施工图。弗拉蒂恩大楼的外墙采用幕墙体系，支承在每层的楼面上，幕墙外立面采用厚重的巨型石材饰面。尽管弗拉蒂恩大楼的场地条件较差，但伯纳姆对其设计充满自信，并成功地解决了结构的侧向支撑问题。事实证明，伯纳姆的解决方法非常成功，并在后来的结构设计中得到了广泛应用。弗拉蒂恩大楼成为早期现代化摩天大楼的模式样本。在随后的30年中，摩天大楼飞速发展，结构体系越来越大，承载力越来越高，这种蓬勃的发展随着帝国大厦的建造而达到顶峰。帝国大厦的出现就像1929年股票市场的突然崩溃以及随后国际经济的大萧条一样完全改变了这个世界。

芝加哥和纽约地区这些早期摩天大楼的巨大成功却束缚了当地建筑领域的发展。与此同时，其他地区开始出现许多富有重要意义的建筑创新。众所周知，尽管建筑物的承载力主要取决于其结构的强度和刚度，但很多建筑物却往往因火灾而破坏。中世纪的大教堂采用石材做拱顶替代以往的木结构屋顶，这种做法就大大减少了因点蜡和焚香而导致的火灾的发生。而工业厂房则是经常采用所谓的防火屋顶来减少可能的火灾破坏，其建造方法是：用砖石砌筑的拱形楼面横跨在锻铁梁上，部分梁还进行外部包装防护处理，楼面和梁一起支承在铸铁柱子上，铸铁柱可以较有效地阻隔热量的蔓延。现代的建筑物往往可能遭受更为密集严重的火灾，因此需要采取更多的防火措施。锻铁和轧制钢材在温度超过600℃（1100°F）时会迅速屈服，由锻铁和钢材制成的结构会因此而很快软化，此时从救火车中喷出的凉水则可能引起结构完全失效进而导致整个建筑物发生毁灭性破坏。与钢材相比，铸铁具有较好的耐火性，但承载能力较低。因此未进行外部防护处理的标准铸铁构件仅仅用于早期厂房和仓库建筑中。

陶瓷类的新材料应运而生，如将外涂层与烧结土一起烧铸形成的陶砖。这种材料耐热温度高，但却同时具有易损坏、组装代价昂贵且难于适当密封等缺点。在安装的时候，如果遇到不讲信誉或不守和约的承包商，则还需要进行认真的监督。1904年建造于美国俄亥俄州辛辛那提的16层英戈尔斯办公大楼(Ingalls office Building)，是首次采用钢筋混凝土结构建造的高层办公大厦，其成功地解决了上述问题。水泥、石子,并用钢筋来

信托大厦，芝加哥，建于1894年，该建筑物的外部由轻质玻璃幕和琉璃瓦构成。

弗拉蒂恩大厦，纽约，建于1899年，该建筑物在每层钢框架外挑厚重的石材饰面。

增强，就形成了19世纪60年代被广泛推崇的经济结构材料——钢筋混凝土，它就这样被离奇地开发出来，并获得了法国专利，该项专利保护直到20世纪初才被解除。只要钢筋具有足够的保护层厚度，钢筋混凝土材料就自然具有极好的防火性能。但是，对于高层结构而言，钢筋混凝土材料的主要缺点却是时效引起的收缩和荷载作用下的徐变：钢筋混凝土结构会随着时间的推移而稍微变短。针对上述问题所采取的对策通常是采用横截面积较大的构件，这样构件内的应力会相对较小；然而，大截面柱会占据较多来之不易的楼面空间，楼板厚度也需要相应变大，因此楼层高度也就需要相应增加。这种做法直接的结果便是建筑物的造价升高，甚至超过钢结构。

人类不断增加的对生活空间高度的需求推动着高层建筑的发展，而机械化在此进程中功不可没。1889年，古斯塔夫·埃菲尔（Gustave Eiffel）完成了他的著名试验，他用锻铁在巴黎博览会上建造了高度300m（985英尺）的铁塔，埃菲尔铁塔的抛物线外形在形式上体现了数学微分方程的逻辑美，在建造上则体现了其精湛的工艺技巧。铁塔塔身采用四条支腿支承，这比采用三条支腿支承更为稳固，同时也意味着可以将作用在装饰构件上的荷载均匀地分配到各个支腿底座。30年以后，俄国建筑师弗拉基米尔·苏霍夫（Vladimir Suchov）在莫斯科用埃菲尔铁塔所用材料的四分之一建造了一座更高的铁塔，这不仅仅是东方和工程理论更为发达的西方之间技术竞争的必然结果，而且也是经济上的重大突破，尤其在钢材严重匮乏的斯大林时代，它大大降低了材料使用量以及相应的人工费用。埃菲尔铁塔完美的双曲线外形在海军实验中得到采用，在此实验中，需要一个重量非常轻的观察瞭望平台，以在铁皮船极不稳定的时候可以保持顶部重量的重心始终向下移动。这种铁塔形式还在很多其他方面得到广泛应用，如输电线塔、广播电台发射塔等。首个刚性飞艇，即所谓的齐伯林飞艇的设计研究也带动了高层建筑的发展。在飞艇巨大的飞行结构设计中，其螺旋桨的研究主要集中在对轻质支撑框架构件以及开口薄壁截面的控制。这些研究同时推动了人们对风压和空气动力学的理解，这两方面的工作奠定了后来的高层建筑工程的研究方向。

早期塔式建筑物（摩天大楼和高耸的塔架）的成功吸引着人们认同并吸收他们所体现的文化。反过来，对高层建筑物的理解方式以及他们所象征的意义又对其设计产生影响。芝加哥的高层建筑物与纽约同时代的高层建筑物相比，二者存在很大差异，并非能够采用一个统一的模型进行描述。摩天大楼的发展是持续的，应用前景也相当广阔，这从高层建筑的相互竞争中可见一斑。声势浩大的开放式建筑方案竞标往往会促使建筑革新的产生，他们同时也成为不同时代设计思想的见证。1913年纽约时代大厦的竞标和1922年芝加哥法院大楼

埃菲尔铁塔，法国巴黎，建于1889年，是第一座高度超过300m（985英尺）的标志性建筑，其铸铁框架重达8,560,000kg（9441吨）。

的竞标，均激发了公众强烈的兴趣，当时的报纸更以新闻头条进行相关报道，从而引起世界范围的广泛关注。对于美国中西部的工程项目，北美和欧洲的设计师则展示了全部的设计技巧：从现代主义到古典主义，无一例外全部都被应用到当时的高层建筑中。把年仅24岁的沃尔特·格罗皮厄斯（Walter Gropius）的设计方案与28岁的竞标获胜者雷蒙德·胡德（Raymond Hood）的设计方案相比可以发现，两者在造型以及表面处理上有很大差异，但是这些差异仅仅是表层现象，他们的主体结构体系却是相通的。

在文学作品中，摩天大楼经常被赋以令人震惊的想像力，是未来社会缺乏个性的艺术品象征。艺术家休·费里斯（Hugh Ferriss）在其撰写的《未来都市》一书中，描述了他对现代化的北美城市的感受：这些城市充满表现主义色彩，规模空前，给人印象深刻。在这位广告艺术家的感性中充斥着安东尼奥·圣泰利亚(Antonio Sant' Elia)这位意大利未来派——赞美速度与机械化的艺术运动——创始人的绘画风格和思想理念。

在费里斯的作品中粉笔和木炭代替了涂料和石灰，描绘的对象是无限的表面和空间，而不是某特定光线下的立体模型。这种绘画效果加上城市建筑规划的惊人密度，不禁让人联想起反乌托邦世界的景象。在绘画技术中，可以采用粉笔和木炭来描绘无限的表面和空间。而在现实世界里，平面和空间的色调与亮度只能通过涂料和石灰涂抹的密集立体建筑物来调配。

弗里茨·兰（Fritz Lang）在其创作的影片《大都会》中采用电影处理表现手法描述了高楼林立的都市形象。1982年，里德利·斯科特（Ridley Scott）执导的科幻电影《银翼杀手》上映，这部影片则将美工的画技与导演的意图完美地融合在一起，突出表现了已深深融入客观建筑中的颓废和腐朽以及建筑设计理念所折射出的堕落思想。

这个时期的结构分析水平与建筑设计的发展同步。如，结构侧向稳定性的评估方法非常简单，谓之为“荷载拆除法”，其中的荷载是指建筑物所有重量的总和，显然这种结构侧向稳定性的评估方法非常保守。这些结构设计方法与19世纪80年代比较流行的结构设计理论是相通的。大型制造商不仅提供各种规格的梁柱构件，还提供设计这些梁柱构件的设计图表。在相应的理论和实验研究的基础上，这些设计图表反过来又被政府的检测机构采用。不同的城市所采用的柱子形式也不相同。卡内基钢铁公司在其1893年的指南手册里加入了关于钢材屈服点的建议。这是一个理论研究相对落后的时期，许多早期理论存在很多错误，也正因为如此，当时梁的设计一直采用的是欠安全的设计方法。

学术理论的发展影响着结构分析理论基础，使它逐渐趋于规范合理。著名的教师哈迪·克罗斯（Hardy Cross）提出了一个可用于框架结构设计的简单自测的方法，正是这个方法推动了横梁式框架结构在建筑设计时被广泛应用，为了保证结构的稳定性，这种结构体系中的柱和梁一般采用刚性连接。横梁式框架结构具有易于实现的优点，因此与其相关的实验研究以及体系类型改进研究相当活跃。针对采用横梁式框架结构体系的高层建筑，有两种较为成熟的保证其稳定性的方法。凯彻姆（M.S.Ketchum）在他的著作《结构工程师手册》里列出了四种抗风支撑：对角支撑，隅撑，门式支撑，托架支撑。

正当关于高层建筑的各种不同观点的辩论似要分出输赢的时候，在欧洲出现与上述观点有着根本性不同的设计理念。1921年由密斯·凡·德·罗（Mies van der Rohe）提出的玻璃摩天大楼的设计方案无疑对当时流行的德国式表现主义产生了不小的影响。这个平面呈三角形的方案采用褶皱状的外围墙，并通过这些褶皱来吸射阳光。该方案建筑模型和素描渲染图向人们展示了完全透明的建筑物，清晰可见其内部极其简捷的结构框架。这个结构体系中的两个部分显然在以后会有广泛的应用前景：其一是无梁楼盖，支承楼盖的柱子圆形布置［在此10年前由著名的瑞士工程师罗伯特·马亚尔（Robert Maillart）提出］；其二是楼板边缘悬挑出去，以支撑外挂的围护幕墙。该建筑方案令人瞩目的现代感与完全古典的简捷比例完美地融合在一起。

正当许多欧洲人还在从理论上研究高层建筑的可行性的时候，1922年，记者约瑟夫·罗特（Joseph Roth）在《柏林新闻》中清楚地写道：摩天大楼代表着一种新的生活方式，新技术代表着进化的人类向原始自然挑战的力量。处于流行先锋的公共工程不断丰富关于这些新形式建筑物的设计思想。法国建筑师勒·柯布西耶提出了一个富有争论性的观点，即将加强的大块连续楼面作为空中路面，这样就可以将节省下来的地面用来娱乐了。正如在1937年德国对西班牙格尔尼卡镇的轰炸中所表现的一样，牢固的屋顶还能够同时保护居住者免受炮弹的袭击。

第二次世界大战几乎摧毁了整个欧洲，马歇尔计划则确认了美国的全球扩张战略。美国当时已经具备了相当规模的重工业基础，能够自行生产飞机，正是这种能力使盟国得以摧毁轴心国。随后不久，美国即开始利用这些工业基础迅速发展洲际运输、地域扩张，开展冷战期间的军备竞赛。这个时期的食品处理工艺已经开始工业化，大量金属被用来制作储藏罐、罐头、包装箔等。由于铝材具有良好的耐腐性和耐久性，因此在第二次世界大战之前，许多工业建筑物就已经开始使用铝材制作门窗框。随着战后经济的复苏，以及锻压技术的成熟，刚性断面的细长轻型铝构件开始生产，成为高层建筑外围护结构的主要材料。这种能够支撑大片玻璃幕墙的性能良好的金属框架使摩天大楼发生了变革。通过纽约的利华大厦，美国建筑公司的总设计师戈登·邦沙夫特（Gordon Bunschaft）与SOM一起对幕墙作了完整而清晰的阐释：幕墙是支承在悬挑铝制框架上的玻璃体系。

由于纳粹的迫害，精通建筑艺术的犹太人大多由欧洲转移到了美国，他们同时也带去了很多宝贵的高层建筑设计经验。密斯·凡·德·罗（Mies van der Rohe）把古老的欧洲起源和美国前卫而成熟的设计经验结合起来，提出了一种特点鲜明的设计模式：细部构造美观考究，古铜色包覆的建筑立体块比例均衡。这个设计模式在全世界范围内产生了深远影响。由密斯·凡·德·罗（Mies van der Rohe）设计的纽约希格玛大厦（Seagram Buiding）和芝加哥湖滨公寓（Lake Shore Drive）就是这种设计模式的代表。

惯于自我挑战和自我炒作的美国建筑师弗兰克·劳埃德·赖特（Frank Lloyd Wright），在提出了“顷宅城”（Broadacre City）这一平面扩展的城市化构想后，又反其道而行之，提出了纵向扩展的“一英里高塔”（Mile-High tower）计划。其混凝土结构的塔身将极为高耸，高度远远超出与他同时代的其他建筑物，几乎是他们的30倍，即使现代最高的建筑物，高度也只有他的1/5，今天仍有许多人主张将这一计划付诸实践。赖特在其作品中始终宣扬一种被称为“有机组织”的设计概念。“一英里高塔”的体形由下到上逐渐变细，呈锥形，事实上这种体形正是超高层建筑的首选。一些生物学家，如托马斯·麦克马洪（Thomas McMahon）把结构设计原理应用于树干高度的二次方程曲线，发现树干的理论上的扭曲极限与湿度和养分的限制值相符，且这个极限值正是最高的红杉树的高度。这一特性曲线也适用于塔楼的建造：塔楼的高度也有一个理论上的极限值——随着高度的升高，强度成平方倍地增长，而其重力和风荷载是成立方倍增长。以我们现有的建筑材料为前提，这个理论上的极限值约为18km（11英里）高，这对于我们来说还仍是个遥不可及的高度。实际建造过程不可能尽善尽美，其实

利华大厦，纽约，建于1950年，某公司总部。竖向的大型砌块与铝制玻璃窗墙按比例结合，形成间落有致的漂亮外形。

希格玛大厦，纽约，建于1954年，该大厦耸立在一个公共广场的前面，外部采用暴露的钢框架饰面，内部则采用防火钢框架结构。

际环境也是不可预测的，考虑到这些因素，也许赖特提出的1英里的高度是个更可行的极限值。

圆锥状的"一英里高塔"的设计还缺乏对超高层建筑物可能存在的很多问题的考虑，如竖向运输问题。人体对竖向运输工具在上升时的加、减速度非常敏感。随着建筑物高度及层数的增加，在合理的时间内电梯所经停的层数开始受到了限制。真正的高层建筑，如那些超过60层的建筑，通常电梯只到达高层区。高层建筑的电梯起止厅则起到了竖向运输中转枢纽的作用，先由快速电梯（中间不停）将人们运送到指定位置，然后再由低速电梯运送人们到达目的地。而事实上，高层建筑的竖向运输十分复杂，解决方法也绝不如上述做法那样简单。芝加哥的西尔斯大厦是世界最高的建筑之一，在其内部工作的人员每天结束工作后离开大楼仅排队就需要两个小时。

在过去的40年里，人们目睹了摩天大楼的尺寸成指数倍增长。超过100层的超高层建筑的合理结构设计已经成为结构设计研究领域重要的研究方向之一，迈伦·戈德史密斯（Myron Goldsmith）在这一方面做了大量的工作。戈德史密斯是SOM综合咨询公司的结构工程师，建筑师、结构工程师和造价顾问协同合作是该公司一直以来的传统。戈德史密斯的研究设计小组[包括他的学生法兹拉·汗（Fazlar Khan）以及伊利诺伊理工学院的一群博士研究生]认为结构设计的目标是减少材料用量。为了寻找最佳结构自重的设计，戈德史密斯的研究设计小组提出了摩天大楼的"巨型框架"概念。位于芝加哥湖岸边建于1969年的约翰·汉考克大厦颇有创意的设计即源于这个概念。他的主体结构采用交叉支撑框架结构体系，次要结构、楼板等均作用在主体框架上。该结构体系本身相当坚固，可以与其他任何结构做法相媲美。设备层、电梯起止厅以及防火隔离层等置于交叉支撑所形成的桁架后面，形成了整个建筑物的竖向间隔。

建于1973年的芝加哥西尔斯大厦则体现了另一种结构设计观念，即成束筒结构。这是一种源于自然界的设计风格，如竹子密集的捆束在一起所形成的断面结构。这个结构体系预示了巨型结构中的又一个概念：将一系列的子结构束在一起相互作用形成一个坚固的整体。卓有远见的设计大师理查德·巴克敏斯特·富勒（Richard Buckminster Fuller）所提出的"你的建筑有多重？"吹响了现代建筑师应该注重设计中结构概念的号角。单位建筑面积的用钢量是衡量结构设计的简单标准。例如，约翰·汉考克大厦用钢量是148kg/m^2（30磅/平方英尺），世贸中心的用钢量是244kg/m^2（49磅/ft^2），从用钢量的角度进行二者的相比，显然前者较好。而西尔斯大厦每平方米的用钢量则是188kg（37.5磅）。然而，我们必须注意到，这种比较尽管直观但却十分粗糙。对于层数低于30层的建筑物而言，用钢量与层数之间趋于线性关系，而对于超过30层的建筑物而言，用钢量会随着层数的增加呈几何级数快速增长。在很多时候，完成建筑物的结构设计时，还必须要考虑到实现这种结构体系所带来的构造和装配上的复杂化。例如，约翰·汉考克大厦上巨大的斜撑就使得其立面处理变得相当复杂。

高层建筑建造施工方法的改进尽管不

约翰·汉考克中心，芝加哥，建于1969年。该大厦体现了工程师戈德史密斯所创立的巨型框架的概念，其结构体系得到了大大简化。

像结构形式的变革那样吸引人，但却可能对节约建筑成本作出更大贡献。由德国人提出的开放式设计思想，主张开放、绿化、人人平等、便于交流、由窗户采光的空间设计，摒弃美国式的方格子空间设计方法。在开放式设计理念的倡导下，形成了中心为核心筒结构，防火带周围环绕着支承在周边框架结构上的大跨度楼板的结构体系。这种结构体系要求首先需快速装配位于中心的核心筒结构，它是外围钢框架结构需要依附的结构主体。核心筒结构一般是通过滑升模板技术完成的钢筋混凝土结构，它能预制并快速围绕已排列好的中心建立起来。核心筒结构与外围框架结构连接起来便可以抵抗作用在建筑物上的风荷载以及地震作用。最近，这种结构体系又被改进成为"巨型柱"结构，即承载力主要由大型的组合构件来提供，从而使楼面以及建筑立面的布置更加灵活。

另一种结构组织方式是将竖向交通体系置于主体楼板之外。这种结构组织方法可以很好定位建筑物中布置受约束的区域，平面利用率及空间利用率都非常高。使用区与交通区分开，便不会造成主通道之间的交叉。而支撑体系移至外层的做法尽管较为昂贵，但是却可以将可视的外部空间环境有序地连接在一起，同时电梯上的乘客还可以随时欣赏建筑外立面的美。

第二次世界大战后，在高层建筑遍及全球的潮流中，建筑师的作品能否被接受主要取决于他们是否充分考虑了建筑物对所处的环境以及当地文化的反应。利华大厦式的建筑样式，以立面装饰华丽时尚为其主要特点，在西方国家以及环太平洋沿岸地区得到了相当广泛的应用。勒·柯布西耶为纽约联合国总部大楼所作的设计显示了他对建筑物所在地地域特色的充分理解。在不断修改建筑设计的过程中，勒·柯布西耶对这栋大楼端墙的处理手法显示了其对建筑设计的影响力，即在整齐匀称的端墙片之间，发展豪华复杂的立面处理方法。在南美，这种设计基调成为钢筋混凝土建筑的主流。通过巴西建筑师奥斯卡·尼迈耶(Oscar Niemeyer)等人的工作，这一设计基调几乎成为当地建筑设计中所固有的习惯。

在欧洲米兰，吉奥·蓬蒂(Gio Ponti)设计的皮瑞里大厦(Pirelli Tower)通过平面布置调整使得其每个立面都能够接收到阳光，这种设计方法已被广泛摹仿。具有普适意义的设计方法可以应用于从厨房用具到汽车的任何人工制品，当然，其也能够被推广应用到摩天大楼的设计上。德国许多建筑体现了大西洋彼岸建筑对它强有力的影响。鲁尔的钢铁巨头用排列比例恰当的板形砌块建设了新的杜塞尔多夫总部——蒂森大厦(Thyssen House)。楼板呈梯形排列，并通过交通区与主体结构连接；尽管这种结构布置形式的空间利用率较低，但一直沿用至今。

相比之下，法国和英国趋向于不把建筑物建得太高。随着在世界范围内高层建筑日渐普及，巴黎和伦敦才加入了高层建筑流行城市的行列，而且似乎态度勉强。邮政总局大厦(GPO Tower)是伦敦微波通信网和民防系统的一部分，主体采用钢筋混凝土结构，其使用功能部分采用了野兽派的处理手法。位于邮政总局大厦附近的Centre Point由建筑师理查德·塞弗特(Richard Seifert)和结构工程师维利·弗里施曼(Willi Frischmann)设计，采用的则是极其复杂的预制钢筋混凝土结构。预制的一体化梁柱构成整齐划一的分隔空间，建筑立面则保留由梁柱交错布置形成的孔洞。混凝土后浇带把装配到一起的构件连接成为强有力的结构整体，而建筑物内柱却不属于此结构整体。塞弗特与弗里施曼继Centre Point之后又合作设计了伦敦最高的建筑物42大厦(Nat West Tower)。混凝土核心筒支撑着巨大的混凝土支架，而混凝土支架下则是伦敦古老的狭窄街道和庭院。由高架平台悬伸出来的轻钢结构则支撑着刚性电梯和升降轴。

我们再举一个例子来进一步地说明建筑施工的灵活性。Hearts of Oak House是位于伦敦北部尤斯顿路(Euston Road)上的中等规模的建筑。它的核心筒采用传统的混凝土结构，而墙和地板则是吊在位于建筑物顶部的龙门架及起重设备上。由于龙门架的吊钩不像柱那样易于屈曲，因此，外部结构可以采用轻且经济的框架。这种装配组合在施工过程中要特别小心，因为随着工程的进行，不均匀沉降会逐渐累积。

当然，高层建筑的多样性以及与之相关的建设经验并不仅仅局限于欧洲。在北美，和第一代超高层建筑一样，几个规模略小但具有创新意义的建筑证明了其在高层建筑历史中持久而重要地位。伯特兰·戈德堡(Bertrand Goldberg)在芝加哥卢普区建造了一对相当精美的住宅楼，即马林纳双塔公寓。马林纳双塔公寓的外立面由排列整齐的厚重的预制阳台组成，主体建筑的下部则是螺旋停车坡道。整个建筑物远远看去，仿佛结满玉米粒的玉米棒子，这种景象不禁让人们想起小说家巴拉德(J.G.Ballard)的那些描述现代高层住宅里的生活模式的作品。

罗奇－丁克路(Roche & Dinkeloo)设计的哥伦布骑士团大厦(Knights of Columbus Building)(1965～1969年)却体现了与上述风格迥异的建筑风格。在规模宏伟的结构骨架中,巨大支腿般的圆筒形竖向交通系统清晰可见。建筑物的底部则是大型的露天广场,这种处理方法借鉴于已有的建筑物,第一次采用这种建筑处理方法的是纽约的福特基金会(Ford Foundation)大楼,此楼的成功设计使得现代办公大楼的中庭设计手法发展成熟。在哥伦布骑士团大厦中,并不宽敞的楼层通道围绕着中心的封闭空间布置,许多承租商对这些楼层通道情有独钟,而中心的封闭空间不仅是整个大厦的心脏,而且也是其定位中枢之所在。哥伦布骑士团大厦的防火处理采用了一些相当先进的措施,其四周及中心的封闭空间与开敞通透的外部空间相连,因此不必担心火势和浓烟弥漫得难以控制。最近,前庭已成为许多环境工程师关注的焦点以进一步改善建筑的各项自然条件,如空气流通以及采光等。

在20世纪60年代,路易斯·康(Louis Kahn)与其长期合作的结构工程师August Kommandant秉承了富勒的设计观点,在新一轮的都市化进程中设计了一些方案奇特的巨型结构。巨大的结构骨架将建筑物的各个功能区穿连在一起。日本代谢派建筑师发扬了这些建筑设计理念,并据此设计了一批建筑作品,例如黑川纪章(Kurokawa)的舱体大楼(Nakagin Capsule Tower),其公寓单元是建筑整体的细胞这一设计概念被准确地表达出来了。

随着高层建筑新形式的层出不穷,与之相关的设计经验也越来越丰富,这些经验正是推进原有设计与建造方法趋于完善的力量。位于美国马萨诸塞州波士顿的汉考克大厦,1976年由贝聿铭(I.M.Pei)设计完成,它可能是迄今为止最漂亮的摩天大楼。汉考克大厦的外立面全部镶嵌着镜面玻璃,使其看起来仿佛一块三角形的玻璃碎片。作为饰面材料的强化玻璃板经过加热处理以改善其强度和韧性,玻璃板与金属结构框架之间通过胶粘剂粘在一起,而非采用螺栓等机械连接方法。不幸的是这个大胆创新尝试的结果并不好。首先,汉考克大厦周围的建筑因吸收了其大量的反射光而导致空调费用剧增,这些建筑物的所有者成功起诉了它;随后汉考克大厦上的大块饰面玻璃开始从高空往下掉,周围的街道也被迫关闭。汉考克大厦曾被调侃为“胶合板做成的摩天大楼”(the plywood scraper)。然而,汉考克大厦的失败并未阻止住玻璃作为饰面材料流行的脚步。目前,玻璃幕墙作为最可靠的外饰面形式之一而在世界范围内得到广泛采用,玻璃与金属框架之间的连接技术也一直沿用至今。

在过去的30年里,美国工程师莱斯利·罗伯逊(Leslie Robertson)规划了完善高层建筑结构体系的途径,在减少高层建筑自重、简化结构支撑体系、改善连接方法等方面做了大量工作。在罗伯逊众多颇具经典意义的建筑作品中,世贸大厦最为引人注目。它的建设过程曾被誉为是轻质结构与分散式结构的典礼。世贸大厦的双塔均采用了很薄的防火涂层,这种做法在纽约市港口地区是允许的。然而,事实证明,在无法预料的恐怖袭击所造成的极端环境之下,世贸大厦的防火

马林纳双塔公寓,芝加哥,建于1960年。该建筑实现了预制混凝土与现浇混凝土在施工上的完美结合。

哥伦布骑士团大厦,美国康涅狄格州的纽黑文,建于1965年。该建筑没有遵循集团总部类大楼的常规的设计原理,是探寻新理念的独特尝试。

性能并不可靠。在罗伯逊成功而传奇的一生中，另一项异常杰出的工作便是他参与了纽约一栋59层的塔楼——花旗集团总部(Citicorp Tower)的建设。就在花旗集团总部已经完工并且开始使用的时候，该楼工程师威廉·勒默叙里耶(William Le Messurier)接到了他的学生的电话，在电话中，这位学生提醒说有种可能导致结构倒塌的模态被忽略了。规模庞大的花旗集团总部位于人口密集的市中心地区，大厦已经完全投入使用，并且预报还有即将来临的飓风，可见形势非常严峻而问题又相当棘手。该建筑的核查设计师罗伯逊与原设计师勒默叙里耶接下来所采取的行动，对于未来的工程师来说，已成为业内一个经典的案例研究。而经过这个事件，媒体的作用——当时的媒体，特别是纽约时报，夸大事实的报道使得本已非常紧张的形势更加严峻——也引起了从业工程师的兴趣。

公众对这次事件几乎是毫无根据就妄下断论。这说明对于高层建筑设计和结构中所出现的问题，公众的态度在很大程度上已成定式。1974年以灾难为主题的电影《火烧摩天楼》(*The Towering Inferno*)就是在公众已经接受少数高层建筑可能发生火灾的基础上上演的。依赖于相对准确的技术知识，电影的故事情节是在一个由于拥挤而使得交通近乎瘫痪的建筑中展开的。必须为困在建筑物中的人员提供大量必需的湿、干物品，也必须将这些人转移到相对安全的区域，而这些区域也同样具有发生火灾的危险，因此还必须对这些避难所采取必要的防护措施。逃亡供应品、避难所、绿色通道、结构抗火能力及结构在任何可预见的火灾发生时保持稳定的持续时间都在这部影片中得到了淋漓尽致的体现。

公众对高层建筑带来的潜在不适感的反应在小说家巴拉德的作品《高层建筑》(*High Rise*)中得到了体现。这部小说认为居住在高层建筑中的结果就是由此产生一群精神病患者。可以预测，由于人们对居住于高层建筑所可能引发的症状的研究较少，因此，所获得的研究结论仍然没有说服力。但至少这些研究已经在全球范围内展开。以往，世界范围内的摩天大楼设计大多参照甚至照搬北美的设计模式。而现在，这种北美高层建筑模式流行全世界的趋势正在被打破，建筑师们已经开始更多地关心建筑形式与其所在环境之间的相互影响。当然，不同地区的侧重点以及约定俗成的观念也各不相同。在结构方面，地震作用和风荷载是高层建筑结构的主要影响因素。

侧向荷载对高层建筑的结构性能有着重要影响，而在世界上的一部分地区，侧向荷载与可能发生的地震作用组合后，其对于高层建筑的重要程度要增大好几倍。除了大震以外，发生频率频繁的小震也必须要加以考虑。漂移的大陆构造板块相互运动着。地壳的颤动或板块间偶发的碰撞会导致能量爆发，引起地震，地震产生的振动穿过地壳表面以波的形式向各个方向传播。地震波在竖向会提升并撕裂地壳表层，在水平方向则拉伸或压缩地壳表层，使之产生褶皱或断裂。在水平方向地震波的作用下，高层建筑就会像棕榈叶一样前后摇摆。不幸的是，大部分高层建筑的自振频率与所输入地震波的频率大致相同，因此其在地震作用下便会像音叉一样产生共振，同时吸收地震所释放

舱体大厦，日本，东京，建于1972年。独特的商业建筑的标准模数，由工人安装在一对塔楼上，每一栋塔楼由4个螺栓固定。

世贸大厦，美国，纽约，建于1966年。有效的钢框架的“外壳”和“核心”结构于2001年9月11日未能经受住骇人听闻的恐怖分子的袭击。

的能量，由此产生的惯性力往往很难控制。为了抵消惯性力的作用，一种方法就是将建筑结构设计得相对厚重敦实，因此在地震区，高层建筑的外形一般都显得比较笨重。另一种方法则是利用结构内部对振动的天然抵抗能力——即阻尼，换句话说就是通过结构内部的摩擦来耗散地震输入的能量，因此可以通过设置机械装置增加结构阻尼方法来抵抗惯性力的作用。采用后一种方法可以有效降低整体结构的重量，并保持建筑物在视觉上的轻盈美观。

热带的气候会产生高速旋风。加勒比海产生的飓风可以旋转扫过美国东南部海岸，因此这一地区的高层建筑规模受到了飓风的限制，同时为了能够抵抗飓风的巨大威力，这一地区的高层建筑看起来相当厚重，往往采用大截面、高承载力的柱子和梁。在中国的南海，对流单体在台风季孕育、成长并成熟。暴风雨对障碍物的冲击力相当于一般办公室楼面所需承担的重力荷载的大小。在暴风雨的作用下，太平洋沿岸地区城市的银行和公寓的外饰玻璃需要承受的侧向荷载，其大小等同于办公室中所有的文件柜及办公桌所产生的重力荷载，同时这些由暴风雨产生的侧向荷载作用方向是任意的。因此，这些地区的窗格玻璃通常较小，同时窗框以及遮光罩也要设计得比北方地区厚重一些。

近年来高层建筑的竞争焦点仍然体现在对其设计方案特色的表达上。1982年生物科学公司胡马纳(Humana)新总部大楼的设计方案招标吸引了一群建筑界的精英们，参与竞标的设计方案也各具特色。最后胜出的是迈克尔·格雷夫斯(Michael Graves)的设计方案，该方案具有浓厚的美国“高度后现代主义”色彩。诺曼·福斯特对工程结构与施工过程的综合体验形成了其随后实践他后来的设计方式。尽管为在纽约世贸大厦遗址上重建的“归零地”(Ground Zero)所进行的竞标政治作秀的成分多一些，但是仍然由此诞生了不少建筑创新。

当代高层建筑设计的主题是如何改善其环境系统。能源的浪费始终是高层建筑令人头疼的问题，例如，一座100层的摩天大楼所消耗的能源可能与12hm^2(约30英亩)的城市街区所消耗的能源一样多。一旦人们难以承受这样的现实，即无论是热带地区还是亚北极地区都要通过使用空调来调节室内环境，那么建筑物就必须采取策略使其和周围的环境以及当地小气候联系起来。建筑物的外部需要采用绝缘材料，使其内部温度不会随外界的温度变化而改变。阳光是人类生活的必需品，而良好采光的需求与预防过量日晒免得使室内温度过高的需求是建筑设计过程中不可回避的一对矛盾。通风装置在一定程度上也可以起到调节室内温度的作用。

建筑构思的巧妙之处往往集中体现在建筑物的外围结构上。适当厚度的外墙可以成为各种渗透作用的缓冲地带，能够调整能量在建筑物内部与外界之间的传递。当建筑规模较大时，可以将建筑物本身与露天广场以及空中花园等结合起来，使建筑内容更加丰富。在宽敞的空间单元里，居民倾向于在综合工作与休闲的场所停留较长时间，而适当的空间层次划分以及相应的娱乐设施则为这种生活模式提供了方便。

建筑物受到的风荷载的大小与其尺度

胡马纳大厦，美国，肯塔基州，路易斯维尔，建于1985年。后现代的设计风格以非常明显的象征手法装点该建筑。

和高度紧密相关。几十年来，人们一直利用风洞实验来研究倒灌风与漏斗效应，期望可以找到减少风荷载对地面建筑的不利影响的方法。近十年，这项研究工作得到了进一步扩展，已经开始涉及较高楼层、开敞通透楼层的空气流通问题，其研究成果有望被应用到建筑物的自然通风上。设计出可以完全控制空气流通的系统相当困难。在航行器设计领域，发展了相当成熟的计算流体动力学以及空气流动的数值模型。这些成果为研究建筑物内的空气流通提供了有效方法。设计者可以事先利用数值手段对建筑物的各种可能的空气流通方式进行模拟，从中选择最佳的设计方案。当然，鉴于空气运动的复杂性，对最终的设计进行模型实验研究是不可缺少的步骤。未来体系建筑师事务所(Future Systems)的建筑师扬·卡普利茨基(Jan Kaplicky)曾尝试充分利用建筑物的形状特点，通过风产生能量，并论证了这一方法的可行性。由扬·卡普利茨基设计的Zed便是上述设想的实践者，是自给能源的建筑。Zed的外形可以使其周围的风场形成完整的风涡旋，同时在其外层还装有光电池。不仅如此，Zed还充分发挥了其双曲线外形的优势，整个建筑物的自重很小，其结构体系相当轻盈。

在准备本书的过程中，摩天大楼似乎扩展了它对可持续性和可居住性的要求，并明确地肯定了这样的高层建筑才是对世界能源的合理利用。

人们在对世界“未来最高大楼”的追求上似乎没有太多分歧。香港九龙车站由澳大利亚建筑师登顿·马歇尔(Denton CorkerMarshall)设计，目前正处在设计阶段，其有望成为世界最高的建筑。九龙车站是香港铁路交通运输的终点站，因此这座超高层大厦与它下面的交通枢纽有着密切的联系。该大厦集生活、工作、娱乐功能于一身。传统上，为了获得良好的室外景观，用于居住的部分应该尽可能地置于高层；而在此设计中，考虑到建筑物可能受到台风的袭击，为了保证在台风来临时结构的有效性，将其办公区置于居住区之上。在接到暴风雨警报后，大厦上部办公区的人员就会撤离。而当遭受暴风雨袭击时，大厦上部办公区楼屋的摆动便不会惊扰到任何人。九龙车站大厦的低层用于豪华酒店，尽管大厦的位置距离市区以及备有空调的购物商场很远，但是交通却很便利。

D·利贝斯金德(Daniel Libeskind)针对纽约世贸中心大厦遗址所提出的建筑方案规模适当，相当引人注目。设计方案本身具有良好的灵活性，能够协调在征询意见过程中众多的使用者所提出的各种意见。透空巨型框架坐落在支承管结构上，形成建筑主体。该大厦兼备各种使用功能，设计的风道可以提供制冷及通风双重作用。由于大厦内部需要人工照明，因此对建筑立面进行了精心设计，采用了镶光电池的面板，以为整个大厦提供电能。

本书从过去的几十年里世界优秀建筑作品中精选了29座摩天大楼展示给读者，并在这些摩天大楼的设计与工程介绍中特别强调了他们的设计过程。在这里每个工程都是作为一个整体来分析的。除了整体分析外，针对每个工程还着重突出了其在某一技术方面的特色。

ZED 项目，英国，伦敦，1995 年。高层建筑对能源可持续利用的探索已经开始影响到了主流的商业设计。

格拉斯哥翼塔

(Wing Tower)

英国，格拉斯哥，1999 年
建　筑　师：理查德·霍登
　　　　　　(Richard Horden)
结构工程师：布罗·哈波尔德
　　　　　　(Buro Happold)

1992年在格拉斯哥进行的“千禧大厦”的公开招标，吸引了353个设计方案参加。在众多精美绚丽的参标方案中，“翼塔”设计方案表现卓著，最终中标。该设计方案展示的是一个迎风矗立的高耸观光平台，重达200吨重的高塔在厚重的基础上轻巧地旋转而上。

考虑到格拉斯哥城在传统上一直是苏格兰的航海、造船与制造业中心。因此，该设计巧妙地将历史传统与富有理想主义色彩的现代科技融合在一起，使该高塔不仅是推动城市建设力量的象征，还是自然与由自然形成的城市之间直接联系起来的纽带。

建筑师理查德·霍登与其合作者——空气动力学专家彼德·赫佩尔都是其所从事领域的佼佼者。他们在设计方案的说明文件中叙述了该项设计所利用的空气动力学原理，以及设计中与空气动力学有关的设想。这些设想体现了设计者对自然环境与建筑主体之间相互融合的敏锐直觉。除了对空气动力学原理的巧妙应用外，设计者还着重考虑了材料的正确使用及建筑物上部结构与基础连接方式的处理——“上部结构轻轻地接触地面”。该塔楼的外部形式源于已有的设计概念，但又超越了这些固有设计概念的束缚。就高层建筑而言，流线型的主体结构将使其受周围气流的作用最小，因此这种形式的高层结构不需要额外支撑构件，其重量也可能是同等高度建筑中最轻的。由于流线型高层建筑结构所受的风力影响会显著减小，因此这种结构便可免于侧向失稳破坏。位于建筑物中心的电梯井与楼梯环导也被设计成是流线型的，气流沿着周边竖向翼片在其间光滑地通过。由副管构件构成竖向空间桁架结构体系，该桁架结构不仅承担侧向荷载和抵抗整个结构的扭转，而且还为由电梯井、楼梯与竖向翼片三部分组成的中心系统提供侧向支撑。

在高层建筑设计过程中要尽量减轻结构的重量，这是设计者应着重考虑的内容

翼塔迎风旋转而上。塔身与抗抖振翼片有效结合，使整座结构的重量达到最小。

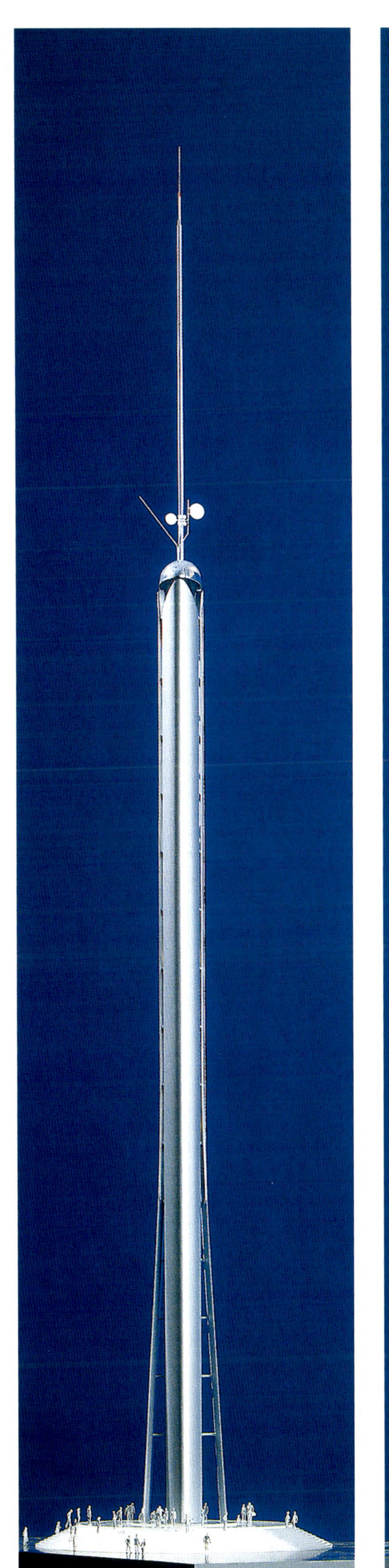

通达观景台的旋转楼梯也采用流线型。风在翼片的引导下穿过其间的空隙，在穿过塔楼后形成稳定的尾流。

之一。埃菲尔铁塔使用了大量的钢材：约8560000kg(9441吨)，即每米高度的用钢量超过了28吨(约9.6吨/英尺)。苏霍夫设计的发射塔是在斯大林领导下的前苏联时代建成的，当时正是前苏联钢材严重缺乏的年代，这座发射塔将上述数字设法降低了四分之一，即6.3吨/米(约2.2吨/英尺)。这是现代高层建筑用钢量的基准。如果翼塔全部采用实体结构，那么其用钢量大约为10000kg/m(3.4吨/英尺)。而最终的设计方案中整个结构的重量减少了接近一半，结构所承受的侧向风力也被降低到最小。

观景台的顶盖采用巨大的舱式遮篷，下部则为可容纳40人的开敞平台。塔身中部设有两个相互平衡的电梯，这两部电梯的布置方式可以避免它们随着整个平台的旋转而摆动，电梯每次上下可运送10人，到达观景台的游客可以进行半小时的观光游览。电梯的升降系统是自力推进的，外形为流线型设计，并设有互通的门，这种门可以在电梯出现故障时供人群疏散，避免人群发生拥挤。电梯升降机械装置、与电梯轿箱相连的发动机齿轮体系均未对塔身的流线型体产生影响。

设计者对结构在风荷载作用下的运动进行了精心设计。观景平台的横向加速度为50毫伽(地震加速度的1‰)，这种加速度对于人体感觉来说不会引起不适——举例来说，观景平台上游客所感觉的平台加速度与地铁上的乘客所感觉的地铁加速度差不多。观景平台的横向加速度在一年里大致有六天会超过上述数值，此时观景平台将对游客关闭。

在设计的过程中，设计者提出了一种由可以调整的垂片组成的主动体系来进一步降低风荷载引起的结构抖振。在主体结构的分肢所形成的竖向空间内设置两个小型的翼片，它们由机械装置控制激活。这些翼片能够测试到主体结构的振动，对振动过程进行计算分析，并依据计算结果做出相应的减振响应，就好像现代客机副翼可以主动地根据飞行状况减小飞行中飞机的晃动和倾斜一样。当然，尽管这种主动控制体系的设置并未影响尽量降低结构自重这一总的设计原则，但是这却并不意味着上述主动控制体系的繁琐与复杂是合理的。

建筑物上部结构在地平面相交处的连接构造处理颇费周折。鉴定人员在一份裁定报告中指出，该塔楼在地平面处的构造处理方法不仅是城市景观的一部分，同时还对公众活动有潜在的影响。采用旋转机械工程尽管在技术上是可行的，但真正实施起来仍然困难重重。在每天工作结束的时候，塔吊起重机在风中自由地摇摆，这种现象在大多数城市都能见到。塔吊起重机旋转轴承、塔身与伸臂之间的承重枢轴等装置和过去建在格拉斯哥克莱德河上的大型旋转炮台很相近，这种大型炮台是为附近造船厂的战舰服务的。尽管支承体系与机械装置采用相同的形式，但塔吊起重机可动部分的重量只是旋转炮台重量的2/3。

在附近旧船坞形成的混凝土深坑中设置中心轴承，塔楼的重量向下传递到该中心轴承上。在地平处，滚柱轴承的外缘形成转盘，其下安装有橡胶阻尼器以减少塔身的振动。塔楼所受到的倾覆力被下部间隔设置的支承所产生的反力抵消。基坑是圆形的混凝土基坑，坑中设有横隔墙。为了使基坑的土体封闭，由地面开挖深沟，然后回填灌入混凝土，再将硬化的混凝土挖出来，此时沟下地基就会被压紧。挖去混凝土后形成的这些线性排列的孔洞可将所承受的压力传递给周围软弱的土层。为了使整个基础部分看起来像船的轮机舱，其内的机械装置外露布置。

翼塔可以被看作是一个关于结构形式的特殊试验。它尝试开创了一种新型的高层结构形式。它预示着，将来的结构形式不仅能满足环境需要，而且还能够主动适应和响应我们这个星球可能产生的各种荷载，而非被动地抵抗这些荷载。

塔楼的外形是严格按照相关的理论逐步演算出来的。这种外形可以使其对周围流场的影响达到最小。塔楼的各个部分大多采用预制构件，在现场快速安装而成。

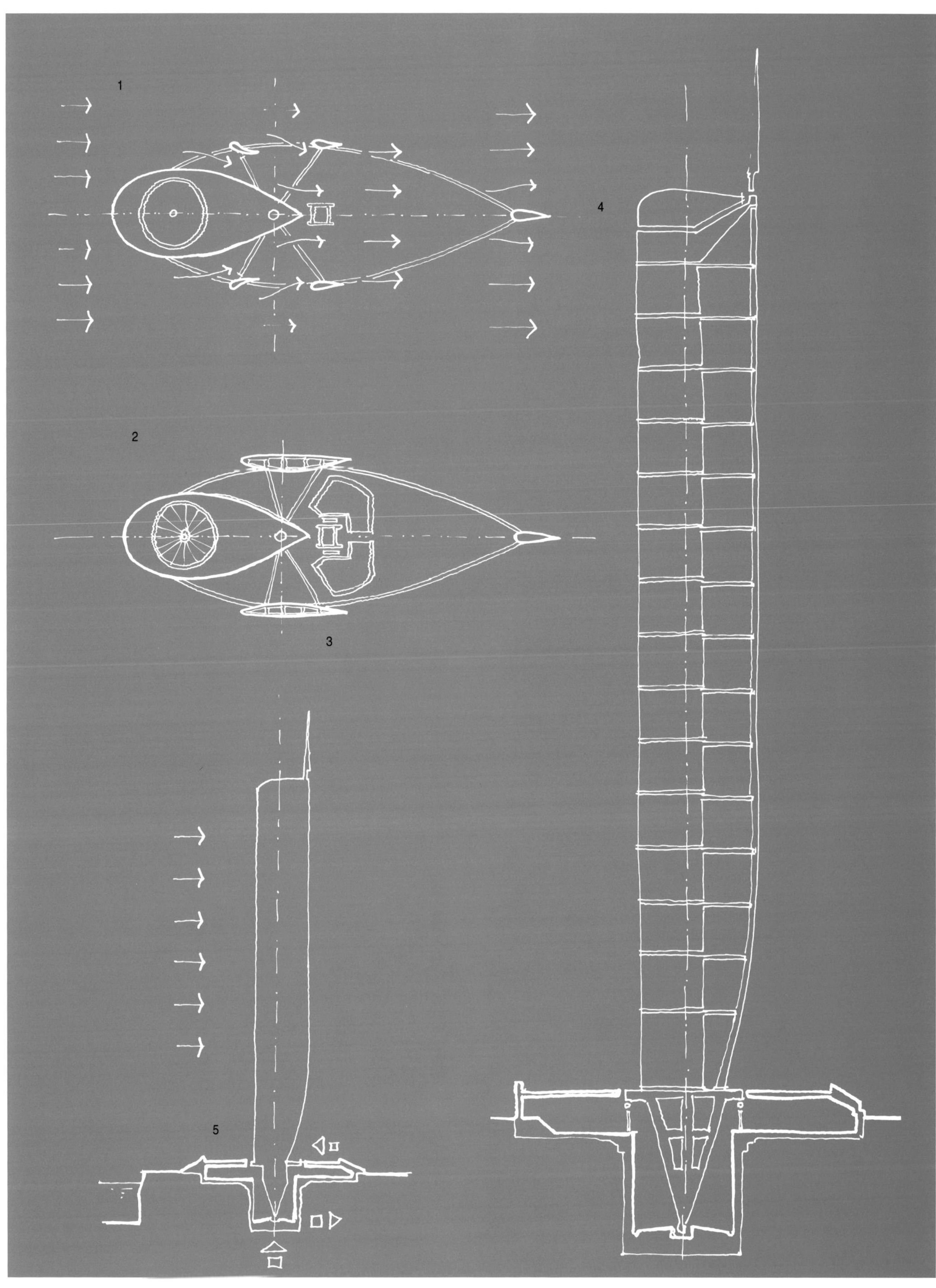

左图：由楼梯和电梯井所形成的环形旋转体的各个边是相互平行的。外部的翼片展开呈八字形，与周边支承轴承连接在一起，从而有效地提高了由地面悬臂而起的主体结构的承载能力。

1.可调副翼在中心体与外部翼片之间的狭长空隙内相互连接。这些副翼的倾斜角度可以调整，也能自动控制，可以有效感测出风荷载的波动作用，并据此修正调整自己的倾斜角度。

2.有两部电梯通达观景平台，电梯的轿箱依靠齿轮传动的发动机上下运行。两部电梯的轿箱彼此相连，万一其中一部电梯发生故障，可以通过另外一部电梯进行补救。

3.外部翼片与塔楼的中心体连接在一起协同工作，使整个塔楼似乎是一个竖起来的桁架大梁。随着塔楼高度的增加，弯距内力逐渐减小，翼片的尺寸也逐渐减小；塔楼达到一定的高度后，一个翼片被分成两部分。

4.能够运输的构件全部采用预制，在现场运用起重吊车吊装组合。观景平台的顶棚采用无框架的丙烯酸模板定型。

5.塔楼上部结构的重量主要依靠设置在柱状围堰基础上的中枢轴承支承。地面以上的结构部分主要通过旋转轴承和其底部的锚栓一起来抵抗横向荷载的作用。

瑞士再保险总部大厦

(Swiss Re Headquarters)

英国，伦敦，2002年
建　筑　师：福斯特及合伙人
结构工程师：阿鲁普(Arup)

这是一个面向市场公开出租的办公楼，也是伦敦25年内计划建成的最高建筑。在设计过程中，建筑师吸纳了各种不同的设计思想，并将这些设计思想的精髓融合在一起，形成一个新的设计理念。这种颇具尝试性的设计风格主要体现在其引人注目的外形特征上，整个建筑物既具有时尚、前卫的外表，又保持了本质上的保守风格。如果将这座大楼看作是一次设计上的实验，那么目前的选择是仅有的既能使建筑保持前卫外表又能使其富有传统意义的设计方案。

为了能够以更合理的方式使用能源，新建筑形式应运而生。本例中的建筑便是一种体现了可持续利用能源思想的新型建筑。其流线型的外形可能令人联想起早期表现派建筑师的风格。事实上，在设计初期，建筑师们自己也曾列出了一系列较为随意的图案供选，但是最终选定了这个方案，因为即便忽略审美因素，单纯从注重实际功能方面考虑，这个设计方案也具有三方面的优势：其建筑外形不会引起迎风面的空气回流，不加重向下的气流，因此它能保护周围的环境，这一点对于保持伦敦城的古街道及小巷式的格调非常重要；建筑周围的空气流动较为平稳，减少了其表面的热损失（当然，对于完全依靠外部能源来运转的建筑来说，这一点也许并不是特别有说服力）；风压系数减小的结果便是建筑表面所需承受的压力变小，这就使得在建筑外部设置抗风级别较高的灯成为可能。为了探究这些关于气流的观点的正确性，建筑师们还特地聘请了顾问工程师。顾问工程师曾与未来体系建筑师事务所的建筑师们共同完成过一项实验，目的是研究高层建筑的合理流线型外形，以使其热量损失、结构自重及地面绕流达到最小化，从而实现自给自足的节能式建筑。此外，顾问工程师还注意到，当风在高层建筑表面以螺旋方式穿过楼层时会产生错流，从而对建筑内部构件产生不同的风压效果，并对此进行了研究。上述研究表明，每年有超过40%的时间里该大楼都可以自然通风。当然，楼内预留了足够空间可以安装通风设备，需要时也可以全年采用人工通风。

几经斟酌，结构最终采用了双曲线外形。理论上，壳类结构可能是最有效的高层结构形式，因为它的构形与竹子十分类似，可以有效减少材料使用，降低建筑物的自重。本工程中，钢框架由中心支撑筒体、轻质混凝土楼板、异形金属边梁和支撑梁系等共同组成并协同工作，中心支撑筒体包括电梯、升降机和楼梯部分，通过

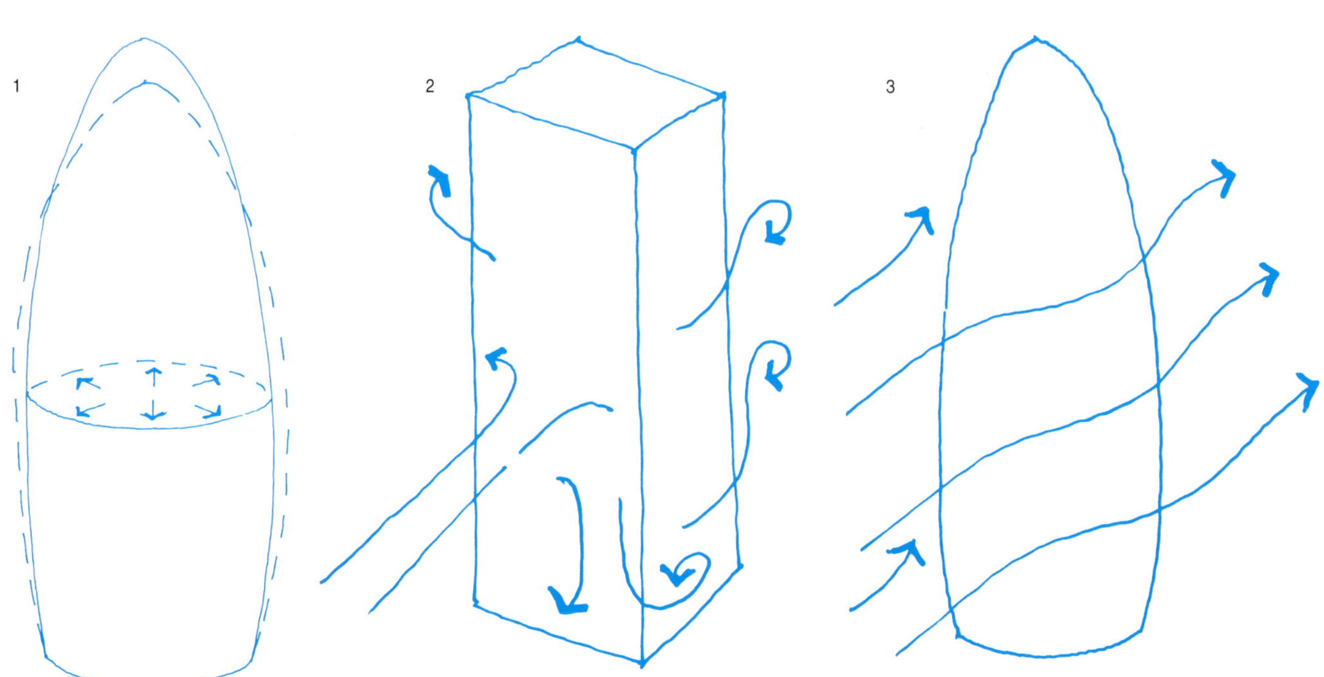

1.施工过程中，在自重作用下结构会变得"短粗"，为弥补这部分变形，构件尺寸已预先调整过。

2.空气流流经高耸物体时，分解成涡流和回流，因此高大的矩形建筑可以引起路面的狂风。

3.流线型建筑可减小风压力，因而能减轻结构自重。同时，低处的风速不会加大，建筑的热损失也会降低。

凸肚状玻璃塔楼对光的反射独具一格。双土星环状布置外墙面的钢构架，非常便于清洗玻璃的升降架移动。

径向钢梁与壳面周边的柱子相连。这一"壳筒"结构共有36根外围柱，形成自支撑的对角网格结构。这种结构形式与20年前在胡马纳大楼的竞标中胜出的方案相似，是由巴恩斯·沃利斯（Barnes Wallis）的飞机机架设计演化发展而来的。设计中，每个楼层都采取了控制壳体环向变形发展的措施。随着计算机辅助制造业的发展，人们可以有效地绘制、分析和加工非标准化的构件，做好标记后，按顺序及时运送到施工现场。在过去的几十年里，钢铁制造业也已逐渐采用了这种计算机辅助制造的方式，复杂构件的精确加工已经完全可以实现。

这座建筑的顶部处理与传统摩天大楼有所不同，没有采用常用的整排天线、巨大檐口装饰线、灵巧冠顶或经过装饰的雨篷等花样，而是将建筑底部光滑的轮廓曲线一直过渡到顶部。专业制作者文德尔伯格（Wunderberg）完成了这一鼻链体（nose-cone）的设计。建筑顶部不断变小的外墙面优雅地连接在一起，上覆有机玻璃，令人不禁联想到飞行员的航行舱。

福斯特式建筑的特点之一便是建筑与地面的连接极为精巧，建筑物周围及其下部空间的联系紧密而自然。螺旋状的前庭是圆形结构巧妙扭转的结果，相对法兰克福商业银行大厦（Frankfurt Commerzbank）的空中花园来说，这是一种更经济的选择。空间因采光和通风原因而切割成了弓形的"黄瓜"状，每层都相对下面的楼层转过5°角形成螺旋体，这种简单、优雅的奇异切面营造出美丽的景色。

变化的壳面导致构件的角度不断发生变化，由此而引发了一些巧妙的结构细部设计。圆柱仅通过简单的法兰和铰接盖板连接，施工时要进行很谨慎的调节来弥补制造误差。由于市场只适合加工精度要求较低的钢结构，任何提高精度的特殊加工都是非常昂贵的，因此，旋转地板切割成形的造价很高并且很浪费。

施工过程中，高层建筑会发生形状改变，其重量会逐渐增大并重新分布。对于超过30层的建筑物来说，尤其要考虑这种影响。对该建筑位移的预测和控制要比常规的正交框架结构困难得多，因为其竖向的沉降还伴随着结构中部沿水平环向的扩展。采用计算机进行分析，能够确定施工过程中各节点的空间偏移量，将每个施工阶段的位移偏移量反加到节点坐标上，就

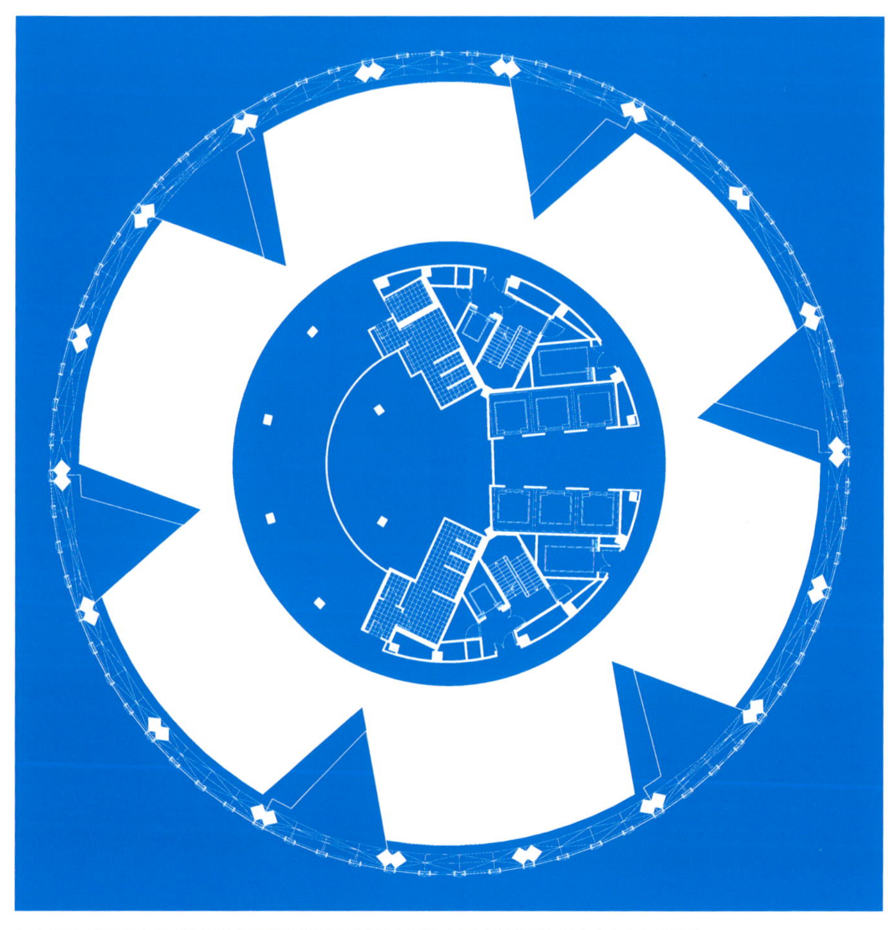

办公楼平面划分为多个弓形前庭，连通并旋绕而上形成整个建筑。各层的偏移不大，不会令人产生眩晕感。

各节点是在一个整体坐标系中建模后，传送给复杂的数控机床进行机械加工的，而不是反复绘制多个标准节点的坐标。

分散的框架减轻了形状的视重，结构与地面接触处形成了一个沿环向的凉廊。

可以确定其初始位置，这样随着施工的进行，结构不断增高且不断发生挠曲，经过重新定位的各节点才会逐步移动到最终的理想位置。但是，这个所谓的“预拱”过程是极困难的。尽管底部材料的弹性模量不变，其他一系列因素也会影响位移计算的精度：滚压成形的构件截面并不完全精确，节点也并非理想模型，此外，加力板、端板、鱼尾板和加劲肋等构件都能增加结构的刚度，而这些因素在计算中无法考虑。通常大型构件的实际模型都用于检测其高空安装的实用性和安全性，很少用于承载试验，也就无法评估其真实的柔度，因此，需要在施工时对结构位移进行实测，来校核最初的计算模型，从而提高计算精度。随着建筑物的增高，可以获得更多的实测信息，并进一步对前面的工作进行调整。

建筑的外表面是菱形和三角形双层玻璃板组成的普通全封闭外墙。立面上的每个窗格间都有微小的相对转角，窗格与窗格之间通过这种有角度的相连形成了建筑的曲面外壳。外墙内部有单层玻璃制成的滑动门，围在整个建筑周边作为可调节的遮光屏，仅在维修的时候打开。滑动门与外墙之间的空隙阻止了建筑内部热量的散发，还可以独立通风去除积累的多余热量。外部空气可以通过窗间墙进入室内，调温以后直接由悬挂吊顶吹向所需要的地方。建筑平面定为圆形在理论上并不是很合理，以相同方式处理南、北外墙，使建筑保持了优美的轴对称形式，但这是以牺牲了能量的最佳利用方式为代价的。

建筑的整体结构框架是完全封闭在外墙中的，因为通过外墙来隔热是控制温度改变、避免主框架变形的最好方法。为此，建筑失去了某些表现力，看上去像纯粹的框架，透明的外墙与相互交叉的粗重构件接合。

这个工程最有趣的一个方面是设计师和出租代理商的相互制约。建筑物的直径由底部的50m（165英尺）变化到最宽处的57m（187英尺），再变化到最高层的25m（82英尺），这个凸肚形状比图片上看起来要明显。但是市场并不欢迎楼层平面面积的变化。假如代理商以最好的楼层高度和面积向客户推荐，那么这个建筑物的许多楼层都不符合标准。于是变幻的空间感和优美的前庭景色不再那么重要了，最初的设计中完全允许的一些开洞空间现在都被封盖了。

建筑物的顶层与主体骨架的处理不同，玻璃和钢组成的短程线穹顶使建筑顶部的一系列楼层充满了阳光，充分开拓了视野。

伦敦桥塔

(London Bridge Tower)

英国，伦敦，（建设中）
建 筑 师：伦佐·皮亚诺建筑事务所/
布罗德伟·马良建筑事务所
(Renzo Piano/Broadway Malyan)
结构工程师：阿鲁普

伦敦是一座国际化大都市，而国际化大都市都少不了高层建筑。这已经成为不争的事实。因为现在的大背景是，人们在努力提高空间以及资源的利用率，建造高效的——最好是可持续的城市建筑和交通系统。

同时，伦敦还是一座古老的城市，她是随着时代的变迁不断消逝和重建的丰碑。在伦敦商业区及西区建造高层建筑都会遭到一贯的反对，因为人们认为这样做没有必要，而且会破坏本地的自然环境。然而现在有一种不可忽视的渴望，正在促使人们重新审视这个例行的政策，并由此引发了一场复杂的争论。

对于执政的政治力量来说，有不同的技术声音，他们就必须解决矛盾冲突。一方面要维持伦敦原有的城市风貌，商业区方圆英里的建筑物都要处在圣保罗大教堂[文艺复兴时期的大师克里斯托弗·雷恩(Christopher Wren)为伦敦设计的中心标志]视觉效果的庇护伞之下，在伦敦塔的城墙(外墙)之内也不要看到新的建筑物；另一方面则是建筑师们建造密集、高耸建筑物的理想。勒·柯布西耶一位相当有影响的瑞士籍法裔建筑师，1924年初见曼哈顿之后惟一的评论就是那些摩天大厦排列得还不够紧密。现在，"市中心"要拥有密集建筑这种观念又依据惯例被重新提出来了。

当然，在市区外围建设高层建筑也是一个解决办法。伦敦旧港区已经改造成了加纳里海岸的聚集地，现已成为伦敦东区的第二中心区域。这个地区繁华、质朴，可以用于开发高层建筑，但这儿由于有机场的滑行跑道，不允许有过于高大的建筑物。

第三个选择是在一个地方建造一座多功能巨型大厦，大到可以容纳一座小镇的所有使用功能。伦敦桥塔就是这样一个为发展泰晤士河源头南岸区域而提出的建设项目。它是一座真正的大厦，可容纳7000人，有公寓、商店、办公区、餐馆、休闲设施，甚至还有博物馆，所有这一切都包含在一个大框架之内。该项目坐落于伦敦最繁忙的交通转换站点之一，位于通往伦敦的南入口处。

项目的目标是建一座全欧洲最高的大楼。为减少对周围环境的遮蔽，大厦设计为金字塔形，当然也能解决下部楼层的电梯拥挤问题。大厦共阶梯式地设有39部电梯，底部宽敞空间内还交叉布置了12部电动扶梯，但没有空中休息大厅。这个钢结构建筑是完全自动化运作的。一般金字塔顶点很难得到有效利用，并且在接近塔尖处会变得缺乏平稳性，此外，建筑物形状及风荷载相互耦合振动所产生的气动效应也是个大问题，但采用这种外形的缺点最终都被设计师巧妙地绕过，其最终版型成为一个巨型散热结构。在地球上的任何城市，人们若在清晨眺望，都能看见地球资源正从冷却塔似的建筑物中缓缓蒸发到大气中，因此，如何合理地散热也引入该项目设计理念之中。

大厦的各个斜面和斜面上通长布置的

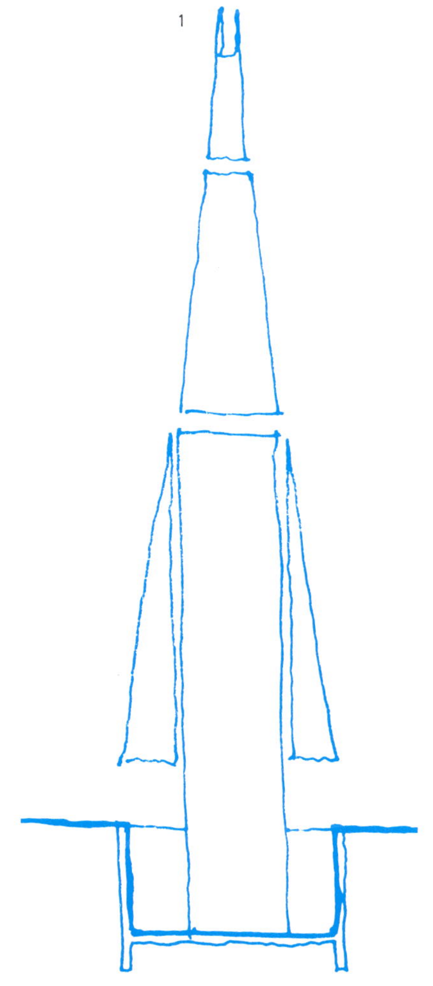

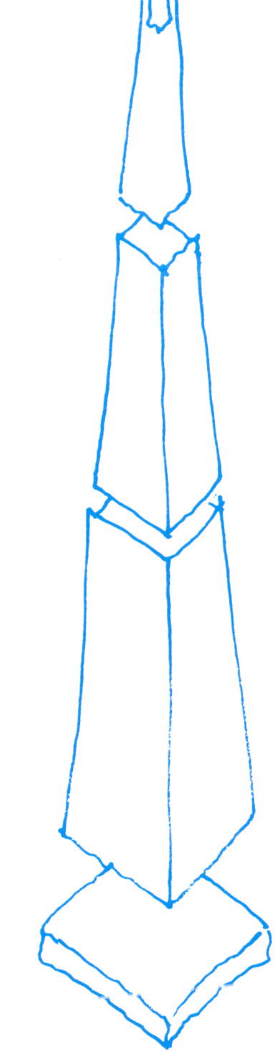

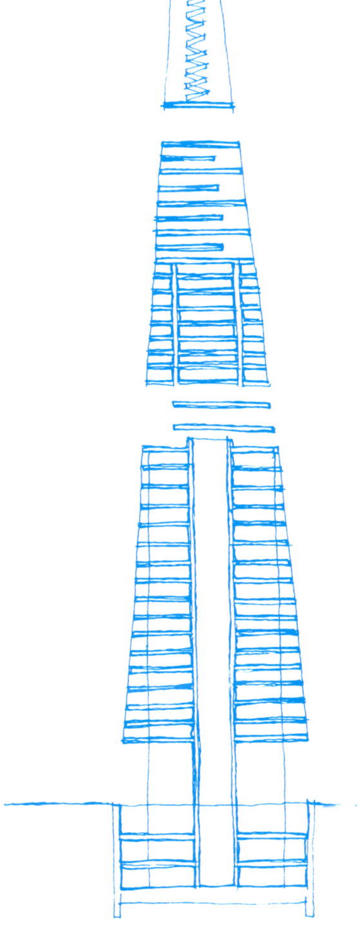

左图：天空不断变化的湛蓝和碧绿光谱，映射在倾斜的玻璃面，像一幅卡斯帕·达维德·弗里德里希Casper David Friedrich的油画。

1.金字塔形被分成了几个简单结构体系。深大底座和筏基支承着两侧附带斜面框架的核心结构。

2.倾斜的侧面对映着天空，而不是周围的建筑，无色玻璃（未参杂任何金属杂质）使射入建筑内部的光线清澈透明。

3.斜塔分区后综合使用，狭窄的塔顶被明智地用作散热，建筑侧面形成的三角空间则丰盈了下部的公共区。

下页图：建筑下部的人流交通空间宽敞，顶部采光。主要承重结构为林立的细长柱子。

玻璃面层是用来反射和发散光线的。尽管造价惊人昂贵，但据说使用无色玻璃会让整个结构看起来若隐若现，甚至有消失在云端的效果。而英国的海运传统也体现在这一创意中，因为这一被建筑师形容为“玻璃碎片”的造型还可以引起人们对于曾经只出现在河边的桅杆和船帆的追忆。当今许多重点项目的展示会上都会用这样的比喻来吸引媒体的注意。然而宣称伦敦桥塔的尖屋顶“像十六世纪的海塔尖顶一样耸入云端”，使人联想起柯克雷尔（C.R. Cockerell）关于雷恩和霍克斯莫尔（Hawksmoor）的伦敦教堂的著名水彩画狂想曲，这样的描述对于伦敦桥塔来说毫不为过。

关于这个项目的许多争论都是围绕着公共领域进行的。如此巨大的发展将会对周边产生影响，这点太平洋边界城就是个很好的例子。太平洋边界城的底层设置了一英亩的公共空间，以改善其其66层塔楼的中间部分，有一个足够宽敞的3层高的走廊，引领参观者进入建筑物的中心地带，居住空间的顶层则设置为公共戏院和饭店。

伦敦桥塔项目的潜在影响在于它会触动伦敦对高层建筑的开放政策。它是一个实用可行的建筑方案，为众多关心着伦敦未来的人们所支持，包括现任的市长。但是这座塔楼规模宏大，以致较一般建筑而言，它更易于受到额外的关注：它也许是相对“安全”的耸立于城市中，但是否会有什么不可预料的后果，又用什么来衡量这后果的大小？此外，怎样使一个“标志性”项目成为抵御财政腐败的高质量项目，这还是一个未知的结论。技术方法和专业设计都为上述问题的立项做好了准备，但这些草案还需要政府与之相匹配的财政收入才能执行。

TRAINS
PUBLIC TRANSPORTATION
ST. THOMAS street
dec. 02

左图：概念设计草图上显示了桥塔楼层平面和竖向交通的交叉布置方式。流通和公共空间仅简单地由一层玻璃板围护。

上图：大楼中部有一个多层公共空间，辅助交通设施在此中断，位于中心区域的主要交通设施则继续保留，为这迷宫一样的大型空间提供了视觉焦点和判断方向的参照物。

联盟大楼

(Grand Union Building)

英国，伦敦，2003年

建　筑　师：理查德·罗杰斯建筑设计事务所

(Richard Rogers Parthership)

结构工程师：佩尔·弗里施曼工程咨询公司

(Pell Frischmann)

理论家锡德里克·普赖斯（Cedric Price）提出了一种新的建筑形式：将用途明确且具有重新组装、扩展能力的建筑单元装配成整体建筑。他完成的作品很少，但是却通过教学和范例影响了一代建筑师。自从30年前赢得了著名的蓬皮杜中心（Centre Pompidou）的竞标后，伦敦新联盟大楼的建筑师就已经系统地研究和发展了这种理念，这项最新的工程是设计理论长期发展的延续，是他们在实践中坚定不移地减少材料使用、不断回顾设计理念的结果。它的形式和单元反映出这种装配式建筑已发展为近于完美的合理设计。建筑师在制定设计方案时既从实用角度仔细考虑了楼层面积分配、光线和空间的影响，又未忽略建筑的要素。

帕丁顿低地(Paddington Basin)是伦敦最大的重建区，是通向伦敦西区的一个入口。这个荒废的工业地区位于不断老化的交通体系(包括铁路、运河和城市高速公路)的交汇处，现在正逐步被具有海上景色的办公大楼、住宅楼、零售商铺和休闲娱乐场所所取代。联盟运河(Grand Union)下游的盆地已经成为主要的公众场所，联盟大楼于是成为了地区发展的中心标志。

巨大、密集的建筑物由一系列的层状板块组成，这些板块纵横交错排满了前庭以采光。“功能区”通过辅助空间、电梯和楼梯等“附属区”相连。这种阶梯式的块状街区是针对城市规划的规模和为调节高速公路与临近的普通公路交通状况而设计的。事实上，在这个项目建设过程中，大

上图：由于住宅和交通系统的密度差异较大，这就需要在规划的时候限制好建筑的高度和体积。

右图：灵活的结构框架形式和交通体系为整个城区的再发展提供了多样化的背景。

楼的高度和块体就作了很大调整，并没有按照原计划进行。楼顶则为周围的居民和办公人员提供了开发好的花园和绿地。

单元层次分明，建筑的组成清晰易懂。连通建筑内外的流通空间和电梯间全部由玻璃围护。进入建筑，来来往往的行人和居住者彼此都能够互相看到。在各建筑块体和筒体的交接处则集中布置了大面积的不透明绝热板，通过这昂贵的板材将居住空间和防火通道分隔开。建筑各部分之间自由、随意地组合在一起，占据了整个场地，同时也反映出场地的不规则性。这种不规则的平面布置方式与立面顶部的服务区一起，构成了建筑独特的组成风格。

概念设计兼顾了建筑的结构和使用功能两方面。塔楼框架采用空间方式布置结构网格。楼层平面宽度根据采光需要确定，长度由防火逃生需求确定，这样形成的矩形楼面支承在周边布置的圆柱上，圆柱经过优化设计为最小截面。楼板厚度取决于跨度，荷载主要传递给沿建筑长度方向布置的窗间墙梁，因此，这些梁的高度都比较大，与柱相连时能为塔楼长轴方向提供足够的抗侧刚度。交叉支撑仅布置在短山墙上。在这一方案中，斜支撑都调整了比例，暴露在外墙面上增强外观处理的图案效果。V形布置方式使斜撑受拉，所以它可以使用细长的拉杆，以减少建筑立面上的视觉障碍。在必要的地方，通长布置的玻璃幕墙外部还设有优质的高级嵌丝玻璃遮光罩。

在地面处，类似轮船通风装置的巨大进气口颜色十分艳丽，为公共平台增添了生气，而位于每个筒体中的楼梯踏板的颜色也鲜艳夺目。这种处理方式几乎是对早期该类设计的否定与讽刺，因为那时建筑公共设施严格控制建筑外部，有着像工厂车间一样单调的颜色。但这种“过清晰”的颜色不耐风蚀，难于维护，因此，在这儿采用了一种更好保养的方法处理外墙，即将其与以前的RRP项目交织在一起。正是这种交织，使得这一设计简洁又不失趣味性，令人回味无穷。

蓬皮杜中心(Centre Pompidou)的获胜方案Beaubourg就是灵活的住宅布局设计，它将楼层设置为似乎可移动的空间一样，重新布置了外部公共设施并调整了其路线；随后是伦敦造价昂贵的劳埃德注册监管公司大厦(Lloyd's Registry Building)，一栋显然是总部的宏伟建筑物，不但表现出与前者的共鸣，还展示了应该如何在不利的场地上有效布置建筑格局，如何将合理的结构形式与优美外形结合，以及如何在建筑内部构造出透明楼梯间。位于伍德街上的办公楼则根据客户需要采用了全玻璃外墙，用双层玻璃和外部的百叶窗组合出了令人满意的效果。所有这些创新点，都经过进一步的调整和改进后体现在联盟大楼的设计中。较这本书中的其他建筑实例而言，这一方案展现出了一类高层建筑不断去除非必要元素的名符其实的理性发展过程。

该设计中，这一加大规模的新建筑单元组合方式的主旨源于早期未实现的这类多变建筑设计，即在一个大框架内不间断地移动建筑单元，将其作为设计工具对设计方案进行重新调整。这里有一个概念上的转换，建筑并不能真正的移动，但是人为改变单元布置方式可以赋予设计体系极大的灵活性及相应的多变性。

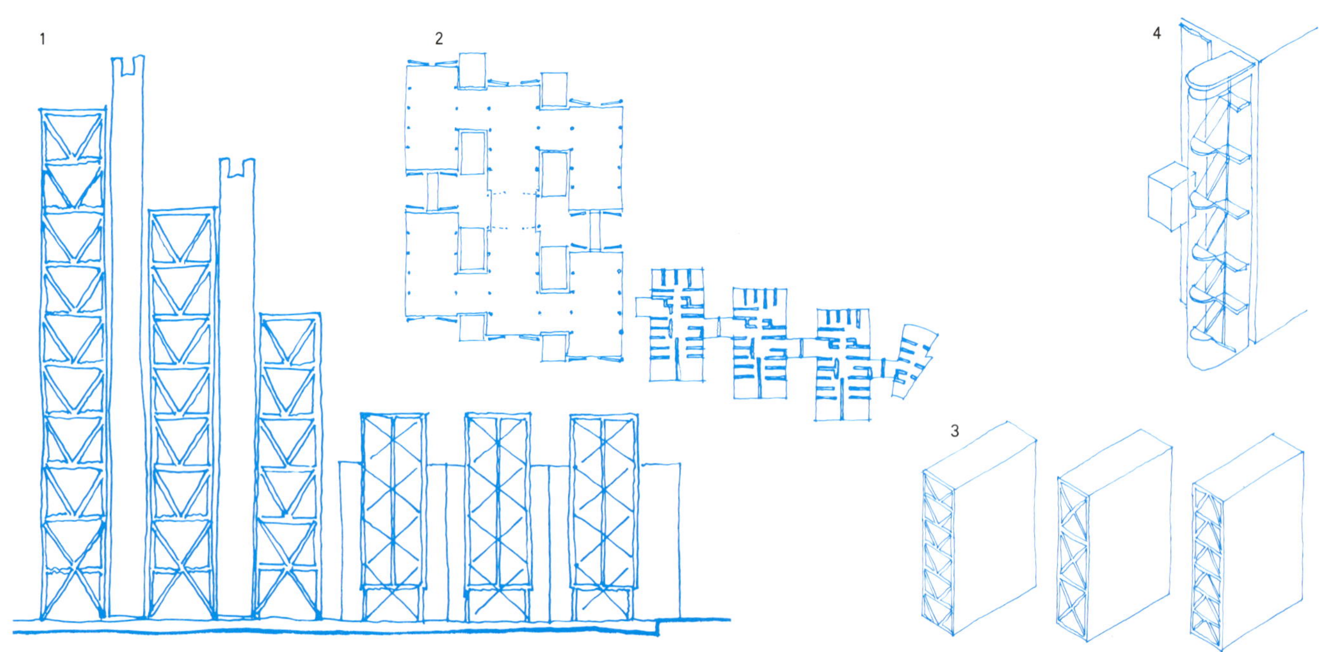

1.居住块体的大小逐渐变化以满足自然采光和前后通风需求。电梯井和楼梯间作为竖向加强构件布置在各居住块体之间。

2.结构采用有效的矩形平面。其纵向刚度足以抵抗风荷载作用，因此长边侧未设置支撑，仅在短边端部设置了交叉支撑。

3.狭窄立面上的交叉支撑有多种布置方式。所采用的向内的斜撑可以汇集建筑的全部重量抵抗倾覆。

4.高层建筑的竖向交通一般与提供侧向支撑作用的筒体结合在一起，但这里将其处理为周边区域的轻质次结构。

上图：玻璃楼梯间和电梯中的往来人流为建筑立面赋予了生机和人气。建筑顶部的电机室形状与透明建筑主体的比例很相称。

下页：建筑中的一个组装部分——三层办公板块、水平楼层、竖向交通系统以及屋顶花园，构成了一个三位一体的均衡立面。

Heron 塔楼

(Heron Tower)

英国，伦敦，2006年
建　筑　师：KPF建筑师事务所
(Kohn Pedersen Fox)
结构工程师：阿鲁普

伦敦这座城市对高层建筑一直有一种源于传统的抵触情绪。城市景观的格调、公共机构的观念以及独特的关于"平方英里老城区"的社会理念（译者注：伦敦的老城区被称为"the Square mile"，意即"平方英里"，也就是通常所指的"City of London"——伦敦城），都影响了高层建筑在伦敦的发展。随着高层建筑在金丝雀码头（Canary Wharf）的崛起，伦敦各界开始认识到高层建筑在世界范围内竞争及其蓬勃的发展，于是代理人、建筑师与规划师开始重新考虑在英国主要金融中心——伦敦发展恰当的高层建筑。

这栋办公楼共36层，比伦敦目前最高的建筑42大厦（以前称为Nat West Tower）低6层。这座建筑的外形吸引了社会的广泛关注。建筑设计很谨慎地将大厦与周围的环境紧密地融合在一起，使它们之间形成有机的整体，同时还将大厦的经营特色也贴切地通过建筑造型表现出来。在该大厦的设计过程中，设计者充分考虑了城市整体可持续发展的需求。

这座建筑与古罗马城墙位于同一条轴线上，即最初露营的via principalia向北出发的地方。它位于"城市群"的边缘，这种规划构想的目的在于集中发展高层建筑。设计者倾向于将大厦内的垂直交通系统偏向一侧布置，因此放弃了使用单一的中心筒式的布局。这座大厦现在的布局形式不仅可以产生较大的使用面积，而且各层的立面可以采用不同的处理方式。为使大厦的立面具有清晰而活泼的视觉效果，建筑师在立面上没有采用单调的幕墙体系。由于该大厦所处的位置有些区域边界的意味，仿佛由一个区域通向另外一个区域的标志性大门，因此建筑师对各个方位的立面采用不同的处理方式，使得这座大厦的每个立面都与该立面所面对区域的特色保持一致。这座大厦立面处理还同时考虑了采光与当地风向等自然因素的影响。

为了使大厦内部能够提供最好的工作环境，建筑师在大厦内部设计中充分考虑了人的心理及行为暗示对建筑设计的要求。楼层的主体部分被分成11个部分，每部分由3层构成，形成一个个相对独立的村庄式单元。这种具有社区意义的单元聚积在朝北的前庭周围，每个大约可容纳300人左右。前庭的公共空间可作为交易所、图书馆、展览区或临时会议厅使用。大厦前庭的视野相当开阔，向内直达大厦的中心，向外则可以浏览到全城。空间的布局和规划的灵活性均达到了开标时预期的外形要求。

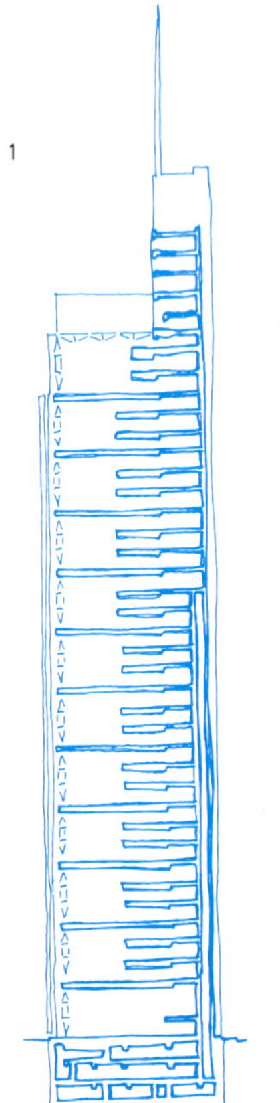

1.在建筑组织上，在朝南的前庭空间内每3层楼形成一个独立单元。

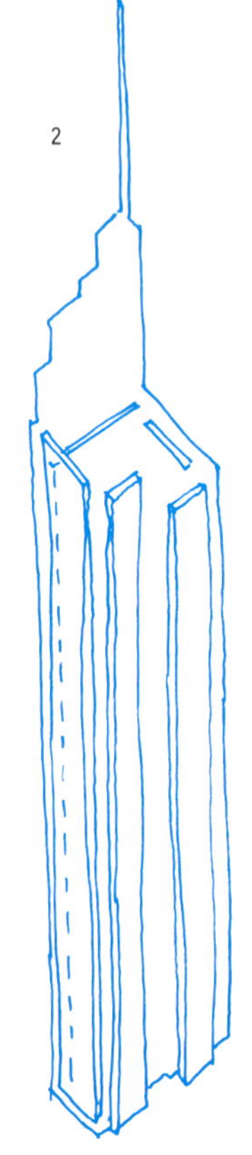

2.主体结构在前庭窗户处断开。大厦南侧结构所属的加强构件交叉支撑向外延伸，在建筑立面上突出出来。

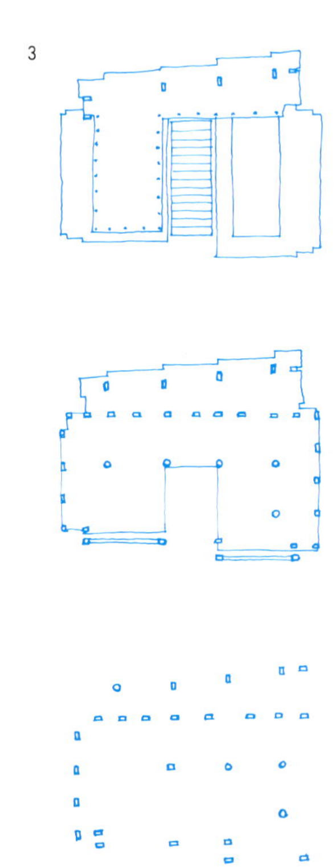

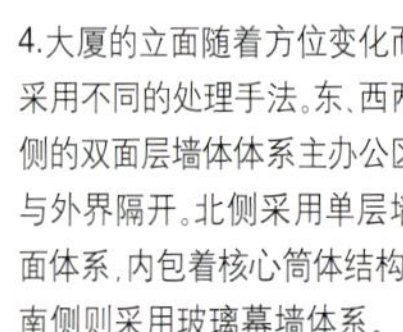

3.竖向交通体系沿大厦的北立面设置，底层的公共通道则采用开敞空间。

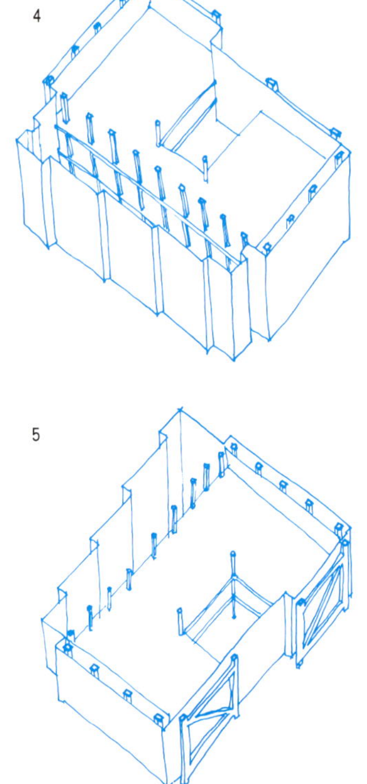

4.大厦的立面随着方位变化而采用不同的处理手法。东、西两侧的双面层墙体体系主办公区与外界隔开。北侧采用单层墙面体系，内包着核心筒体结构，南侧则采用玻璃幕墙体系。

5.外围护结构应该能够保证框架结构与外界完全隔绝开来，这样构件就不会因外界温度的变化而热胀冷缩。

右图： 建筑的主体部分由竖向交通体系、结构体系以及外围的百叶窗分隔着；整座大厦同时又将每3层楼高前庭空间分隔成一个独立的使用单元。

大厦的使用对象主要面向律师事务所、会计师事务所、媒体和网络商业等小规模的服务行业。每层适于承租给两个租户。在大厦内部，可以根据使用要求增加楼梯和架桥来连接及组织更大的空间单元，而不会影响到整个及局部结构的安全性。

伦敦的地下土体颗粒很致密，地质条件较好，因此在进行底层的平面布置时需要更多考虑的是如何加强大厦现有的平面样式。

大厦底部的周围是行人专用区。沿着大厦西边布置有3层楼高的拱廊，其宽敞的空间可用于大量的种植，被称为“公共村”。站在位于朝北框架顶层的新露台广场上可以看到几乎被周围建筑群淹没的St. Boltoph's大教堂。全景观光电梯将底层广场和顶层的饭店及酒吧直接连在一起。

这座大厦的设计规划秉承了“城市复兴”的设计思想，鼓励留有恰当的发展空间。大厦位于公交车终点站、两条铁路和十个地下车站附近，是伦敦交通网中交通便利的位置。利用计算机技术对大厦的采光效果进行模拟研究，结果表明大厦的前庭形状以及楼层设计对采光来说都是最佳的。大厦南侧的芯墙将来自南侧的热增量完全遮蔽，东侧和西侧墙体则采用装有3层玻璃的玻璃幕墙，该幕墙体系具有自洁与吸热的双重功效。

大厦内的核心筒体结构显得有些庞大，随着楼层的增加，电梯数量有所减少，为了节省空间，核心筒体结构逐渐缩小。双层电梯的采用有效减少了筒身空间的浪费。每一楼层都为空气调节设备提供了足够的空间。这些空调设备只用于该楼层的空气调节，因此可以根据每个楼层的需要而独立运转。每个“公共村”都装有在通风基础上运转的热恢复系统。由于大厦内部采用垂直吊顶、高架地板，同时这些构件的专用化程度较低，因此，上述构件的拼装可以在现场迅速完成。

一座大厦的结构设计与其建筑外形设计是紧密相关的。为了满足大厦的建筑组织形式，其主体结构以及核心筒体所采用的是经过改进的钢框架结构以及组合楼板结构。大厦内部的每一个“公共村”空间都在外侧设有斜向支撑，从立面上看，斜向支撑将“公共村”空间分成了两个3层楼高的三角形空间。大厦主体结构的边框架隐藏在幕墙内。在温差较大的环境里或在强光照射下，暴露在外的高层建筑结构的构件会产生潜在的变形与位移，这在设计中需要充分考虑到。在这项工程中，外部构件被设置在连接良好的挡板内。整个框架结构看起来是从核心筒体分别向东、西、北延伸形成，整个设计使得大厦结构与周围环境相互融合、浑然一体。

这座大厦没有刻意偏离传统结构模式来突出它奇特的创新意味。大厦的外形、结构、组织方式与周围的环境契合得相当紧密。这座大厦适宜得当的表现手法不仅使其与伦敦已有城市建筑风格很好地融合在一起，更为伦敦的城市景观增添了夺目的一笔。

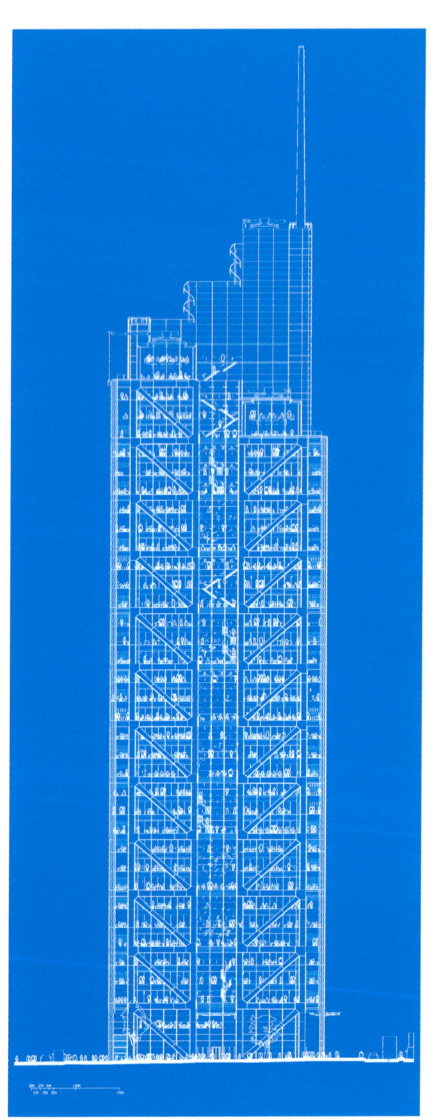

建筑组织层次的划分，由百叶窗保护的外立面以及外部框架产生的阴影都赋予大厦南侧以丰富的立体感。

大厦北侧按照使用人群的视野变化来布置，即对人群上下楼、乘坐电梯、进出会议室等状态的视野都进行了认真的设计。

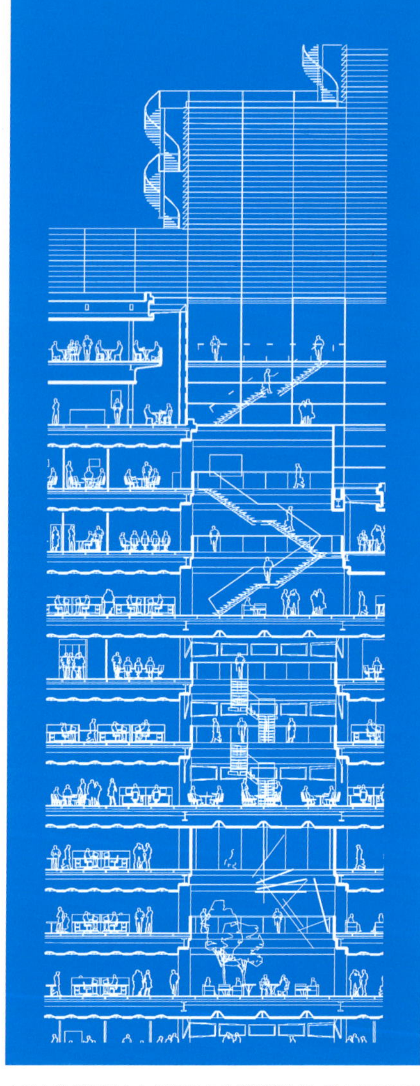

大厦内的楼板要么与颇具特色的楼梯相连接，要么延展至贸易区、礼堂或风景休息区。

为了能够观赏到伦敦上空的风景，在大厦顶部设置了玻璃亭和公共走廊。屋顶阳台上还建有利用钢材和玻璃建成的透明阁楼。

沿着伦敦墙－即古罗马的防御工事看过去，大厦立面仿佛是立于连络终点的竖向强调标志。

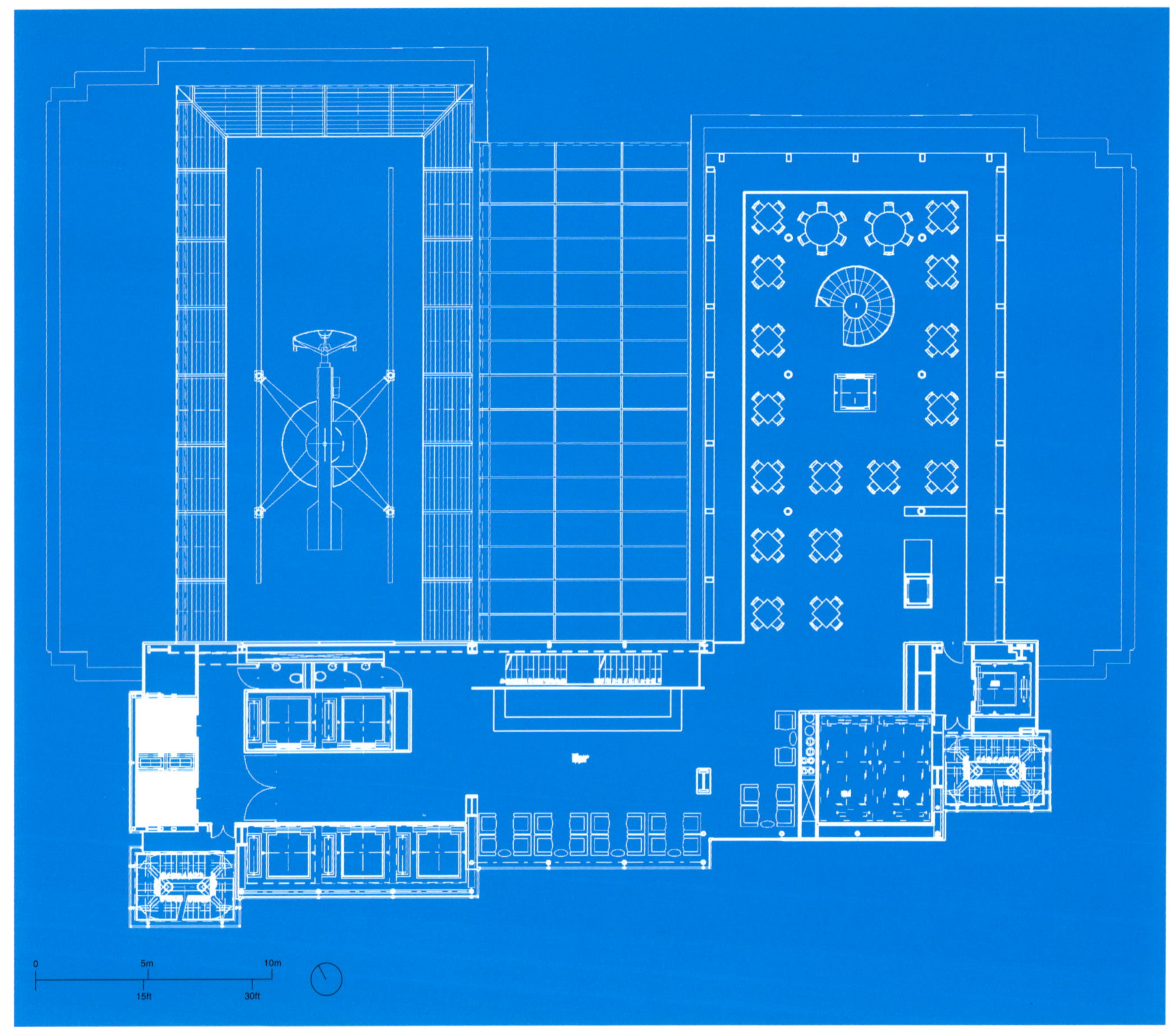

上图：地面、顶层楼板与其他附属结构与大厦的主体结构相连，结构构件围成的空间形成各个开敞的观景台或封闭的储藏室。

右图：偏向一侧的核心筒体、周边框架结构以及位于南侧的宽敞前庭可以进行丰富多样的空间组织方式 例如，既可以建立开敞的景观办公室，也可以形成分隔式的封闭办公室。

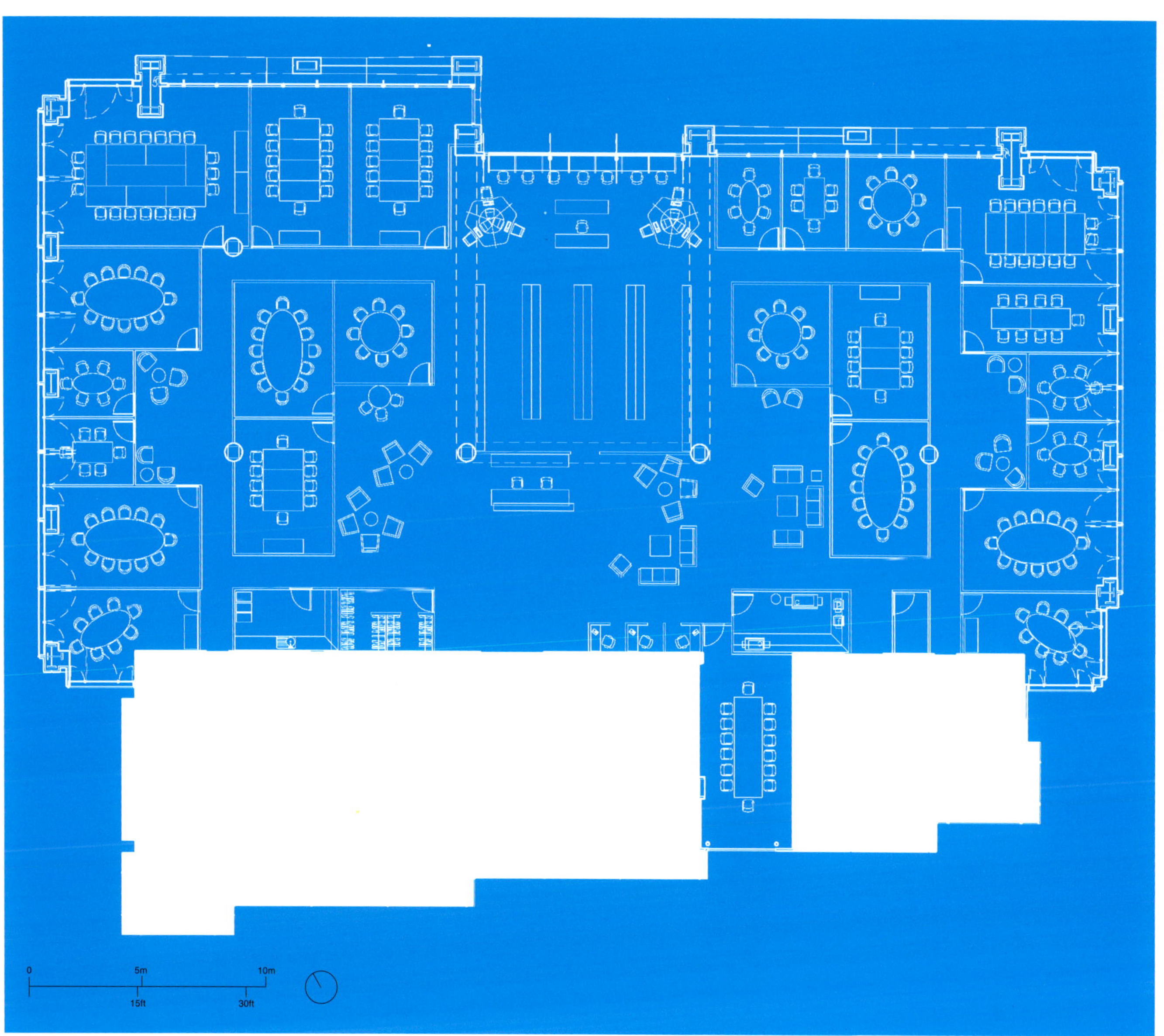
0
5m
10m
15ft
30ft

都柏林尖塔

(The Spire of Dublin)

爱尔兰，都柏林，2003年

建 筑 师：伊恩·里奇建筑师事务所

(Ian Ritchie Architects)

结构工程师：阿鲁普

为迎千禧年而建造的尖塔公布于世。这种简捷的结构形式神奇地由地面直冲云霄，一改以往那种没有厚重感的一般锥形建筑。

这座千禧纪念碑耸立在都柏林众多新建建筑群中间，显得相当醒目。都柏林是爱尔兰的首都，其地势较低，城区沿着利菲河(River Liffey)河口向四周延伸。因此，规划单位拟用简洁而高耸的尖塔作为城市的象征。尽管这个设计项目在国际范围内进行了公开招标，而都柏林尖塔的设计方案最终中标，但这个设计方案却在持续很长时间的公众调查和呼吁后，才获得了规划许可证。出于对这座乔治王时代城市的保护，它对高层建筑的建设控制严格。正是这种对高层建筑物的限制使得尖塔的突出效果得以实现。它依赖于其在周围环境中的单一性来展示它的独特建筑效果。能够吸引并锁定由北欧海上城市漂移而来的光线正是该塔楼圆锥状外形以及精细表面所追求的目标。

建设千禧纪念碑是庆祝这座城市第三个千禧年的重要内容，因此该建筑在城市中占据了相当重要的位置：它位于邮局和共和国总部旁边的纳尔逊纪念碑(Nelson's Pillar)旧址上。纳尔逊纪念碑建于1808年，是帝国主义的象征建筑，在1966年被爱尔兰共和军所摧毁。

设计者不仅要在这座建筑物中融入历史和文化的内涵，同时还十分注重在这座建筑物中加入人们对于技术变革以及发展的深刻思考。它单薄无缝的管状外形与传统上那种似乎永恒的高耸石碑完全不同。乔治亚时代的柱状纪念碑一般采用比例精确的金属管，管间采用螺栓连接，并设减震系统加以保护。纪念碑的比例依赖于柱状轴键连接间的摩擦，要通过这种摩擦来抵制往复的风荷载。

为了与周围的非自然环境相匹配，工程师将120m（390英尺）的塔身设计成下粗顶细的变截面形式，3m（10英尺）的基座宽度逐渐缩小直到顶端的直径为150mm（6英寸）。

正像古代方尖碑一般只用一块奇异并坚固的材料来表现其象征意义一样，这座汇集现代化高科技的尖塔也应用现代冶金技术作为体现它内涵的手段。这座建筑通体使用高质量的不锈钢，并对可能的裂缝区、易于锈蚀区以及应力集中区进行了细致的细部处理，能够抵制都柏林混合着海盐和交通废气的空气的侵蚀。建筑设计年限是120年。整个建筑的杆体均经过喷丸处理并进行磨光，且没有在轴上雕刻图形。按照军用规格的要求，可以采用迅速发射的弹丸将金属表面锤打成钝光泽的柱面。首先用冷铁小球撞击金属基材，第二步用碎玻璃珠研磨，将建筑物表面打磨至精细。这种独特的处理过程的目的是消除

基座构造。机械加工的板在塔顶和接地层间起协调作用。清晰的图样装饰使整个建筑看起来更加简洁。

顶点的航行灯置于内缩的薄板上，这样所有的维护工作都可以在结构内部进行。

高应力构件表面的微裂纹，延迟在循环荷载下金属疲劳破坏。将技术中所蕴含的抒情诗似的内涵表现出来是这座杆式尖塔设计者的目标，就像展示工艺品一样。建筑成品很容易就地维修；这座建筑物开创了金属成品现场无形接合的先河。

塔身的杆体是一系列的锥台的组合，即由多个截顶锥嵌套叠摞而成，锥台之间的端部凸缘采用螺栓连接。这种形式的接头是最简单的连接管道的方式。下面杆体的截面采用35mm（13/8英寸）厚的板，先将这些板碾压轧制成四分之一圆，然后彼此之间用对接焊缝连接。

细长的上部结构则采用较薄的型钢圆管，以避免出现裂纹及焊接变形。为了与照明设计相配合，在筒体上刺有许多形式相似的孔，结构内部的灯照在冲压孔边缘，递级排列形成上升的照明装置。

在建造过程中，建筑设计者和工程师充分考虑了法兰连接、阻尼器调节、灯具检查和更换的途径，这些都是建筑在使用过程中必然出现的。装饰精美的入口楼梯，通过塔中心到达各层楼梯平台。顶点的警报灯排布在滑动的系统上，这样可缩小空心尖塔的中心线，有利于在安全的环境中对结构进行维护。

纤细的上层结构建在一圈螺旋钻孔桩上，这些桩锚固在地下基岩上。桩帽与钢筋混凝土的地下清扫间连成一体，电流交换机便安装在这里。地面与塔身的连接是由一圈铸造青铜构成，青铜上装饰有雕刻的螺旋图样，重叠的花纹兼作有效的防滑处理措施。

第一次世界大战期间发展的单平面高层建筑在气流中过柔的问题很快地暴露出来的。失稳、平稳振动、失速颤振、涡区振动、跃步、涡流发散等都属于危险的能量累积，风与物体之间相互作用，物体因风所产生的运动会影响周围的气流的分布与流动。通过调整建筑物的外形，可以使上述状况只有在风速大于当地预期最高风速的情况下才会发生。其设计机理与机翼外形设计类似，因此首选形状便是锥形针状建筑的外形。光保证合理的外形还不够，还需要附加另一种措施：加设阻尼装置。结构被迫运动时会以其固有的方式消耗能量，即通过结点间的摩擦和拉伸材料分子产生的热量来耗能，通过添加人工产生的阻力和被动减震器可以增强结构耗能能力。

都柏林尖塔依靠被动控制系统耗能，即其内部安装了粘滞质量阻尼器。结构的响应用计算机估算，然后通过调整附加质量引起阻尼器摆动以吸收能量。这个控制过程的设计需要作一定的假设，即结点刚性假设和给定精确的材料性能参数。上述条件具备，控制装置的力学系统很容易实现，调整也很方便。控制装置安装好以后，实际的结构响应可以通过仪器检查，阻尼器经过精细的调整后可对结构的真实情况做出响应。

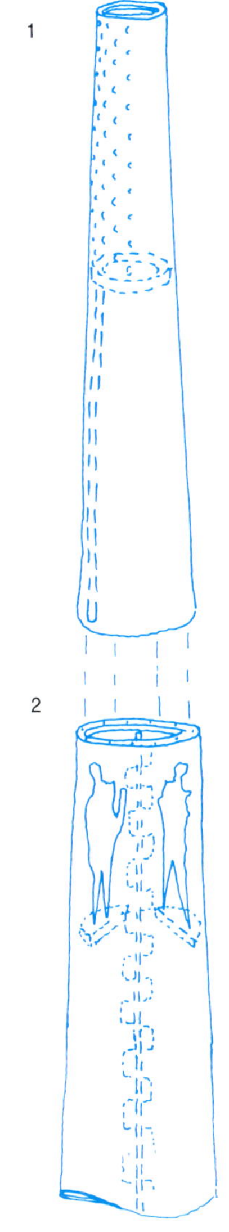

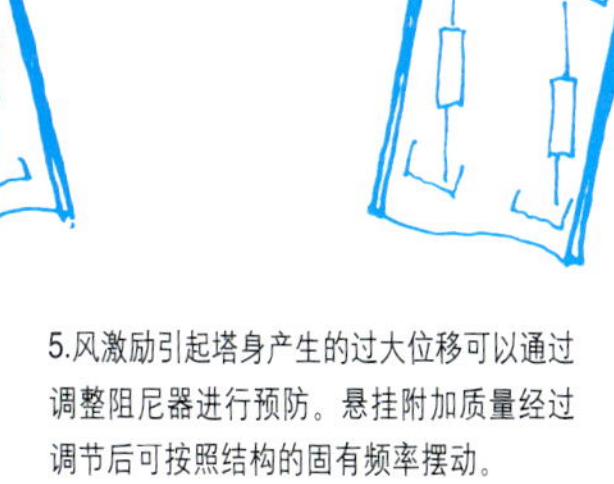

1.尖塔全部采用预制构件组装而成，采用内置的索具逐层吊装到已装备好的基础上。

2.预制构件中间的连接在现场进行，用法兰连接，这样可以使施工工人在安全环境下进行螺栓连接。

3.独立的尖塔振型复杂，间隔很近的固有频率意味着高阶振型对实际结构的响应影响很大。

4.圆形截面易于受涡流发散和跃步的风激励的影响，涡流发散指漩涡有规律地脱离，跃步指气流在建筑表面流动引发的侧向力。

5.风激励引起塔身产生的过大位移可以通过调整阻尼器进行预防。悬挂附加质量经过调节后可按照结构的固有频率摆动。

无止境大厦

(Tour Sans Fin)

法国，巴黎，(未建)
建 筑 师：阿特利耶·让·努韦尔
结构工程师：阿鲁普

为1889年的巴黎博览会而设计的埃菲尔铁塔的建设遭遇到了大量的反对和谩骂。大概有300个请求者呼吁取消即将召开的博览会，佐拉和莫泊桑就是其中的两位，莫泊桑甚至声称这将是他自愿离开巴黎的原因。事实上，这种对于高层建筑的根深蒂固的矛盾态度，不管是在首都巴黎还是在法国的其他任何地方，都是缘来已久的。在城市的工业化进程中，审美要求仅是规划者需要考虑的一个方面，而现代化项目中是否一定需要高层塔式建筑却仍然是个问题。

在经过了十年的争论论证后，无止境大厦项目至今仍未修建，仅针对抵抗的声音提出了一个建筑上的解决方案。作为一系列旨在刺激巴黎的复兴而修建的“盛大工程”项目的收尾，该“千禧”工程项目无止境大厦将坐落在La Tete Defense地区，这个地区位于巴黎市中心以西，起源于19世纪60年代豪斯曼(Haussmann)著名的城镇发展计划，现正在发展为一个巨大的城市建筑群。自从20世纪60年代开始，巴黎的政府机构一直在运用现代化的城镇发展原则，如运用在让·吕·克·戈达尔的影片《阿尔伐城》(*Alphaville*)中所实现的勒·柯布西耶关于区域化和立体交叉的思想来促进其发展浪潮。遭受20世纪70年代的石油危机以后，则主要依靠修建

坐落在巴黎Tete Defense地区的无止境大厦直冲云霄，隐入天际。

新购物中心、住宅楼和1989年的新凯旋门(Grand Arch)等建筑物复兴地区经济。

在远离旧的市中心处，城市规划者为聚集在环路周围的建筑制定了一个宏伟的发展战略。法国目前的最高建筑是罗歇·索波(Roger Saubot)设计的203m（666英尺）高的蒙巴纳斯塔楼(Maine-Montparnasse)，它自1973年验收交付使用以来，一直有很多问题。而在拉德方斯区(La Defense)的交通枢纽中心正筹建的新大楼比Maine-Montparnasse还要高两倍。作为全城可见的枢纽中心，它必须能够把周围分散的各部分有机地连接起来，同时它也要成为一座临近新凯旋门的钟楼。

设计竭尽全力追求完美，力争使大楼成为世界上最为轻巧的建筑物。拔地而起的进程中，其用料要逐步减少：实现大地与天空之间浑然天成衔接，这也是这幢特殊的建筑物与其他高层一样需要面临的无法回避的问题。所以在提出技术建议时，首先要解决的问题就是尽力使其结构简单。框架全部分布在外围，圆形楼板支承在外围的墙上。就像土星五号火箭一样，结构分为几段。位于滑动基础上的混凝土剪力墙与外围的钢框架构成了钢框－筒结构，建筑顶部则是透明的玻璃屋顶。工程并未通过外形改变，而是以自下而上逐步减轻结构自重的方式取得了和埃菲尔铁塔

建筑物自下而上先是传统的管状混凝土结构，然后钢结构，顶部采用玻璃幕墙面层。这样的结构形式和建筑外观，结合圆柱形的建筑布局，使得整个建筑轮廓轻盈脱俗。

同样的功效。整个建筑直下直上拔地而起，面层由灰色的花岗岩演变为质地柔软的石灰石，然后是玻璃，外观呈现出渐变的色彩层次。建筑物的基础非常牢固，埋深25m（80英尺），直径仅比建筑物本身宽几米。

整个建筑物沿竖向劈分为两部分，它们之间通过十字交叉的支撑相连，电梯井设置于其间。临近北侧高速电梯处的楼面可以用作前庭，是上下人流疏散的互联空间。透过玻璃的楼梯踏板，这些空间可以自然采光，来来往往的电梯经过时，充满了生机和活力。建筑内部交通由舒缓的分隔、公共竖向交通以及局部平面交通组成。核心筒体设置在两部分之间的断开处，位于加固的外围结构之后。

高层建筑设计中，为了节省空间，必须使结构的各部分构件尽量轻巧，这就需要采用高强混凝土和高强钢筋材料来减小构件横截面。在不改变弹性的条件下，现代科学技术的发展已大大提高了材料的极限应力——利用的不是分子本身的恢复力，而是分子间的粘合力。因此，尽管不是在极限荷载作用下，没有遭遇地震和罕见的强风，这种轻巧构件组成的细长建筑结构也显得非常柔。

根据整个项目的设计理念，对这一问题的处理方法有些夸张——在建筑物的顶部安装了一个主动控制的飞摆（质量调节）阻尼器。在风荷载或地震作用下，结构往复变形产生振动，阻尼器不仅可以通过配重的自由摆动减振，其液压伺服器还可以根据电子传感器测得的加速度值给配重施加相应的助动力，更有效地减小结构振动。这种控制系统并非刚刚出现，在日本的摩天大楼中已经应用很广泛了。在极端情况下如强震发生时，它可迅速做出反应。但是，这对于该建筑的结构设计师来说无疑是一次个人的顶级冒险。大约30年前，在巴黎的蓬皮杜中心项目中，工程师经过改动后提出了“P－Δ”效应的概念。这个名词用于描述较柔的结构一旦受到扰动，往往会因为自身重量在位移偏移量上产生的附加弯矩而导致结构倒塌的倾向。理论上，消除位移偏移量即可控制“P－Δ”效应，也就可以更充分有效地利用材料。采用主动控制的方法可以保证这种轻质结构的运动加速度处于居住者可以接受的程度。假如意外发生，运动不断增大，被动措施依然可以有效地避免结构因“P－Δ”效应导致应力过大而破坏。这种阻尼系统的调谐原理已经发展得较为完善，通过转换“定义域”,就可以将数学运算很难求解的系统运动方程转化为易于用程序进行处理的形式，是航空学及海洋建筑常用的控制方式，其经典的控制理论深受工程师们青睐。

超大建筑所承受的外力非常大，因此使用反馈装置非常重要。航空电子系统控制的是重达350吨的大型喷气式飞机，轮船的稳定器控制的是重达4万至5万吨重的大船，而由于高层建筑物容积庞大，其重量最终可能超过12万吨。尽管经过计算机的精确计算，复杂体系的设计本身依旧会存在问题：早期的航天飞船空间模型就曾遇到控制紊乱的情况。因此，建筑物在使用过程中仍需进行仔细地监测、评估和调整，直至其使用日趋平常。

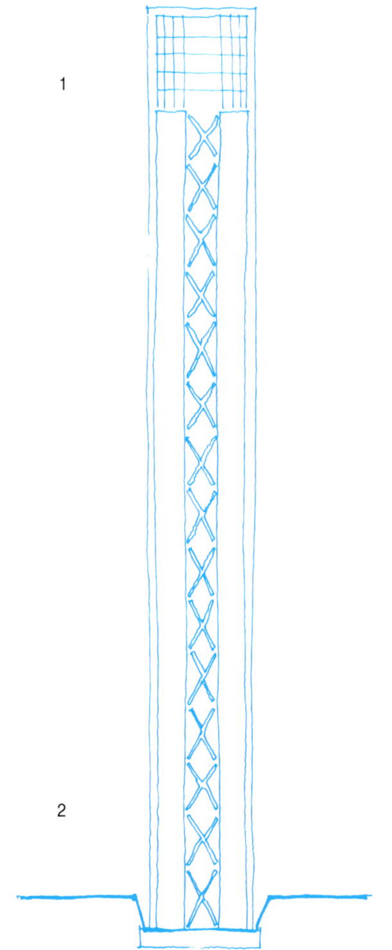

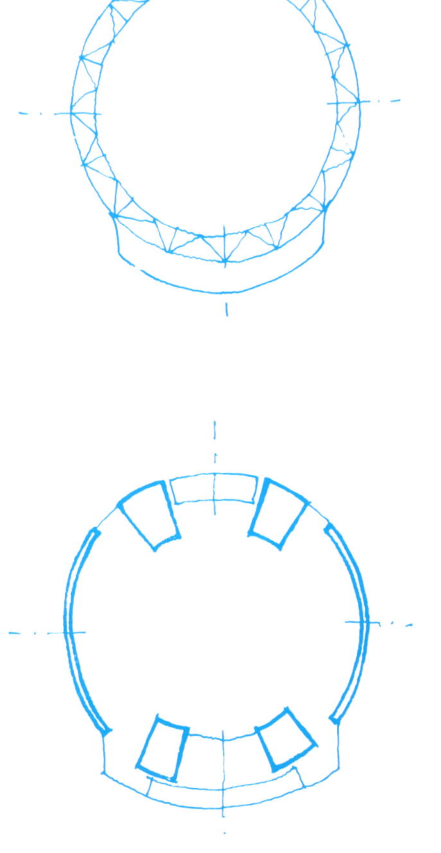

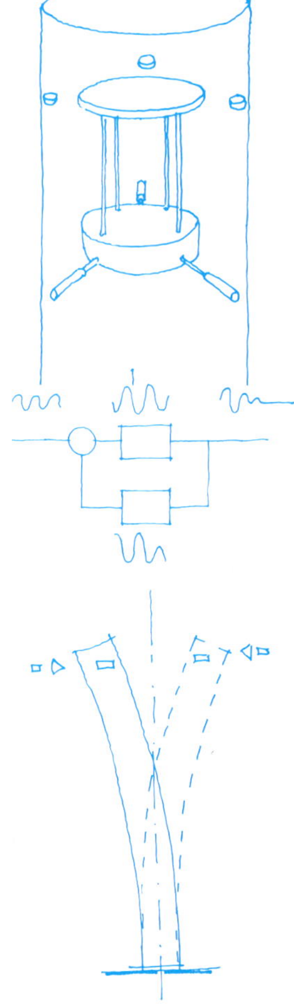

1.下部的劲性混凝土外壳为上部较轻的框架结构提供了坚固的基础。

2.在地面处，塔楼隐入敞开的井中,四周的圆形围堰非常有效,这种增加塔式建筑物高度的建筑设施造价非常昂贵。

3.建筑物的结构布置和竖向通道都取决于楼层平面的周长。要保证电梯中部有足够的采光，外墙的开洞尺寸必需达电梯光线入口的两倍以上。

4.由于高层建筑物对风激励较敏感，在细长的管状建筑上安装了一个主动控制的阻尼系统对其加以保护。调节器对配重产生的助动力与外力方向相反。

5.为使阻尼系统更有效地发挥作用，阻尼器的质量必须达到整个建筑物质量的5%~10%。安装在塔楼顶层的阻尼器可以抵消建筑物主要振型引起的振动。

上图：外墙在建筑物的两侧开洞，两侧墙体通过多层交叉支撑相连。位于建筑物顶部玻璃幕墙内的阻尼系统显得很有特色。

下页左图：对于细长的塔楼，将结构布置在外围是最能充分利用材料的布置方式。扇形分割、径向的和弧形的楼面梁增大了结构的覆盖面积。

下页右图：严谨的设计要合理地传递荷载。因此，必须把竖向和环向结构紧密地联系为一个整体。

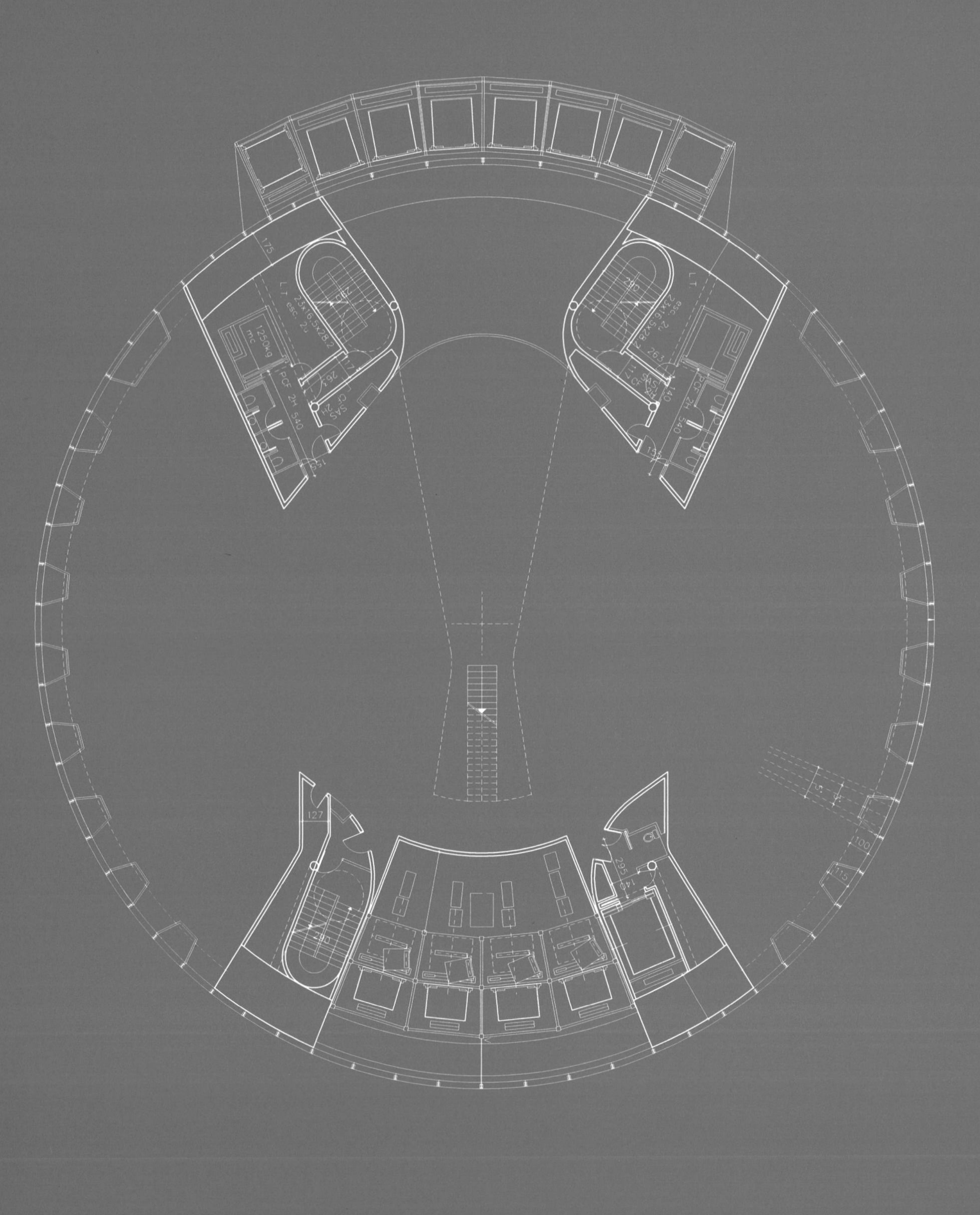
0
5m
10m
15ft
30ft

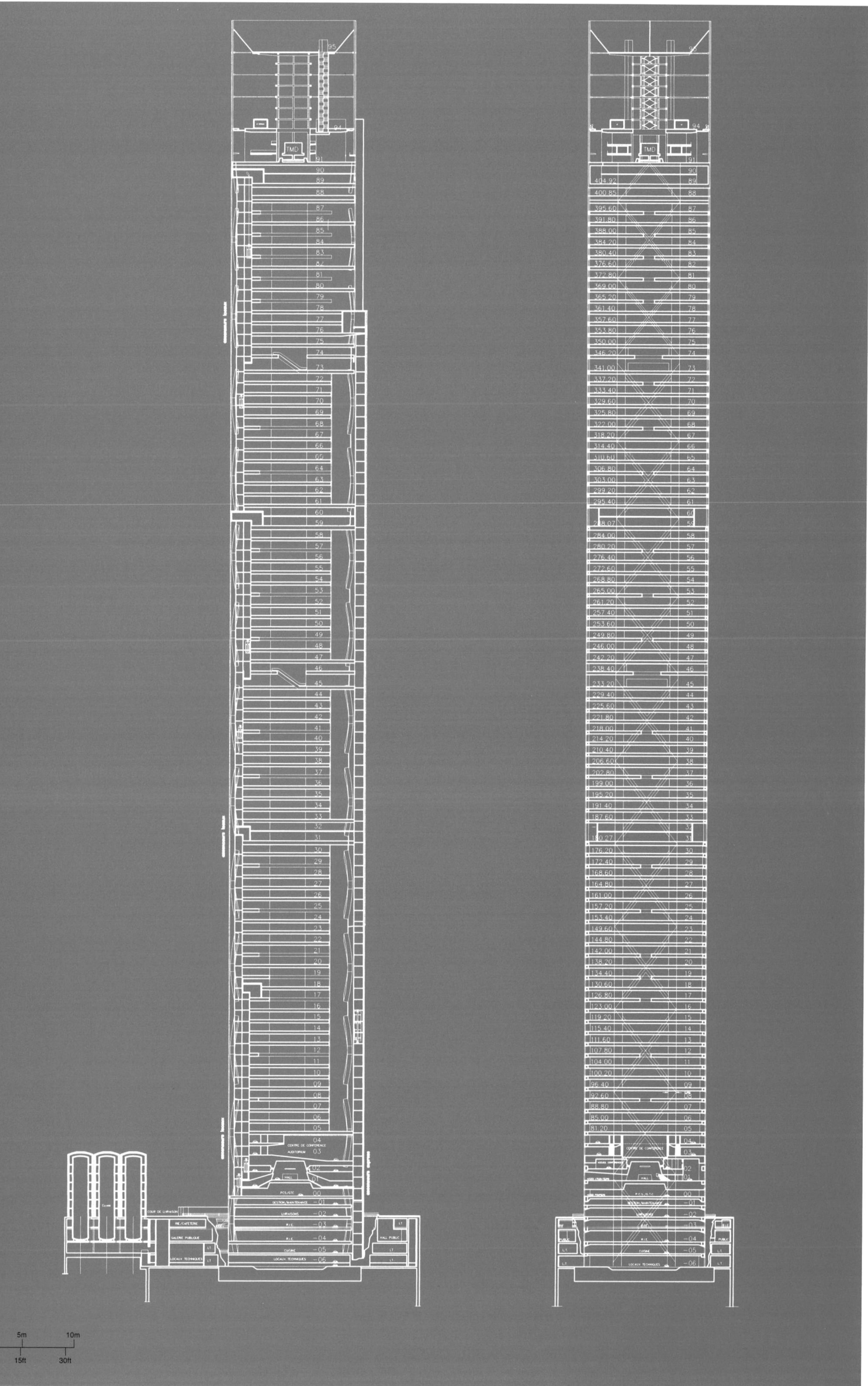

TMD
TMD
CENTRE DE CONFERENCE
AUDITORIUM
HALL
GESTION/MAINTENANCE
LIVRAISONS
CUISINE
LOCAUX TECHNIQUES
COUR DE LIVRAISON
GALERIE PUBLIQUE
HALL PUBLIC
0
5m
10m
15ft
30ft

Agbar 大厦

(Torre Agbar)

西班牙，巴塞罗那，2004年

建　筑　师：阿特利耶·让·努韦尔

结构工程师：布鲁福/奥维奥尔股份有限公司（Brufau / Obiol）

该建筑物运用了很多传统的元素，是个很独特的方案。它地上30多层，地下4层。1至25层支承在平面投影类似鸟巢形的混凝土外墙上，建筑核心筒体的平面投影是蛋形的，由椭圆组成，两个椭圆的长轴线沿着从正北到西北方向的路面把整体分成两段，使两部分都巧妙地避开了主风向和日照角。轻型楼面板搭布在墙系之间，通过深入钢梁内部与其相连来增加自身刚度；建筑上部的几层楼面则是预应力钢筋混凝土板，由结构中部的核心筒上悬挑出来，全部封闭在三角形钢骨架的玻璃幕墙内。小型玻璃面板围护在上、下两部分结构之外，以曲线形式覆盖了顶层平台。结构顶部的龙门架线条简洁、排列规则，将顶层的核心筒体、电梯井及突出部分完美、精致地封盖于其中。

建筑的外形及外观处理凝聚了众多建筑师前辈的智慧。让·努韦尔（1945年出生于法国）曾系统地研究了各种大型玻璃面板的感观效应，得出其不同的反射规律，其研究成果在此得以运用；巴黎阿拉伯学院里都用一种特殊的百叶窗来抵挡地中海西部地区的强光，这种百叶窗由彩色玻璃板经光电面板喷涂后再镶嵌在压型彩镀氧化铝上制成。该建筑不但大量运用了这种百叶窗，同时还参照卡塔兰的建筑风格，精心地将玻璃尺寸细化为120cm × 30cm（47英寸 × 12英寸）的分格。这样的玻璃安装完毕后，即便存在微小的角度差别也会在阳光的照耀下产生不同的漫射效果，风吹过时，结构轻微摆动，玻璃幕墙随风闪烁，极为美妙；并且与1996年巴黎无止境大厦的结构布置形式一样，该建筑也是随着高度增加用料不断减少；此外，早期的工程一般通过加大基础埋深来解决底层构造连接面的问题，本设计中增加了基水围岩装置，在某种程度上相当于增大了结构底部的下垂比例，有效解决了这一问题。

建筑外围的圆周形混凝土墙中共嵌有4400个不同的开放式窗口。与其他传统的办公楼相比，它能凭借窗口尺寸的变化给人以不同的视觉感受。深直的窗侧壁可以为室内反射进均匀的光线。墙体施工使用了一项专利，即滑移模板技术：模板一次升高一个楼层，装入加工好的钢筋骨架，浇筑混凝土后再提升。在混凝土开始浇筑之前要搭建一个主工作平台，用于安全、高效地配送材料。为使圆形建筑各部分更为经济，设计中减少了复杂的平面和复杂的截面形式以降低施工难度。

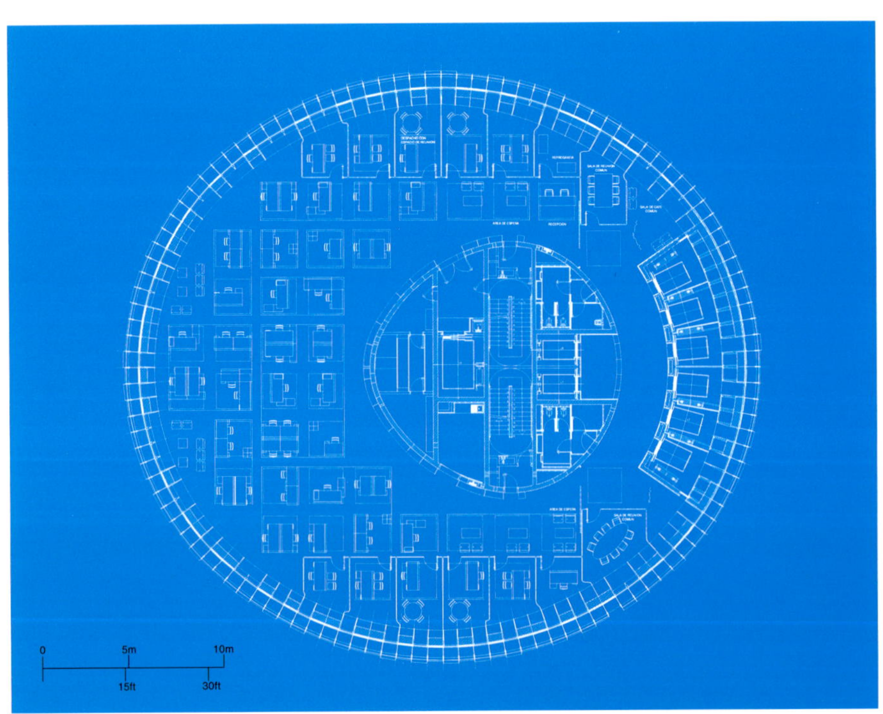

上图：根据欧洲的气候，一个简单的外壳和核心筒巧妙地由圆形调整成了不对称的布局。蛋形核心筒造成楼板宽度不一。

右图：设计建筑物外表面时，综合考虑了层次、色彩、图案和反射性因素，合理借用了安东尼奥——甘地的建筑模式，反映出巴塞罗那的旖旎风光。

在混凝土墙上覆盖一层带有电极性的铝质材料后，增强了墙面的透明性，建筑外观由此更加富有光泽。有色玻璃幕墙、内层玻璃及具有反射性的金属，都可以减少建筑吸收的日光。建筑物的表面还可以产生电能。巨大的混凝土圆形外墙面是一个热量转发器，可以减少热量消退并通过整个结构体系进行热传递。底部直至二十五层都设有吊顶并铺有地板，为空调管道和网络线路提供了传统的布置通道。顶部的开放式平台上有局部围墙，可以用作会晤及办公场所。

楼层平面始终都是环绕着竖向混凝土核心筒布置——所以建筑立面才能逐渐演变为锥形。东侧的电梯组围墙为混凝土楼板提供了支撑。位于核心筒内的两部电梯一直延伸到顶层，还有一个大型电梯位于建筑物最高点的下方。这个位置给人一种非常清晰的方向感，俯瞰西北方向，即可望见大海，还能够远眺内陆高山。建筑物的外墙仅仅是一个围护结构，使内、外部环境互不关联而已。

巴塞罗那坐落于两河流域之间的砂土平原上，这种地貌对地震有放大作用，结构中短粗的钢筋混凝土筒体可以理想地抵御任何地震活动。对于上部结构来说，4层地下室充当了建筑物的浮力基础。每一级过载（超出基础对应的土重）就要移空六到七层的上部结构以减轻基础压力。通常上部结构重新布置后，建筑下部地基内的压应力变化不会很大，不必再增补其他的解决措施了。

建筑物的构件在其内部是清晰可视的。最顶层的封闭空间内，核心筒体作为一个独立单元，与玻璃幕墙的顶部曲线相映成趣，丰富了建筑造型。地面处将外围混凝土筒体开洞，建筑的入口是一座桥，穿越外筒所开洞口与双层高的门厅相连。门厅尽头是通往地下室的楼梯，说明核心内筒在此处是连续体，并未开洞。

作为一个新生事物，建筑物的主旨就是要和当地环境和谐搭配，引人瞩目但不显突兀，既不鹤立鸡群也并非平平庸庸，且能够合理适度的节约能源。建筑独特的价值在于为设计理念的转变提供一个典范。

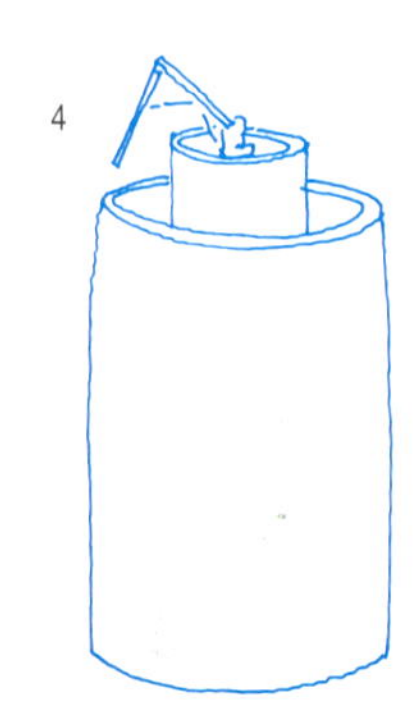

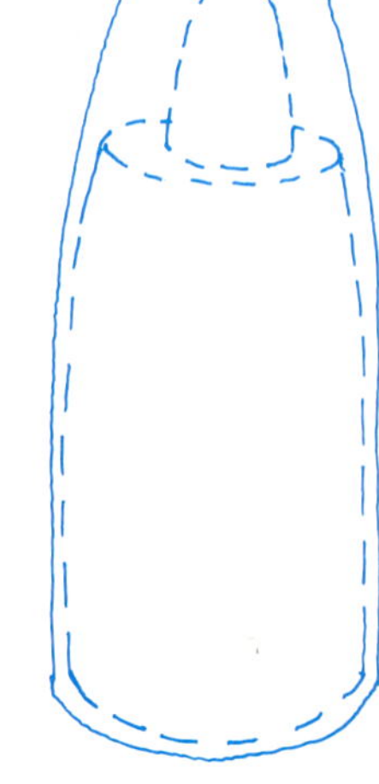

1.随着建筑的增高，外部混凝土筒体终止，出现了一列悬挑于核心内筒的楼板，整个结构全部封闭在三角形钢骨架的玻璃幕墙内。

2.在任何地方都能采用的结构形式根据当地的环境调整为该方案，这个建筑是南欧版的无止境大厦。

3.建筑表面有一系列的百叶窗，防止温差变化过大使玻璃破坏。

4.钢筋混凝土外筒及核心筒结构是利用滑模技术施工的。混凝土由中心泵传输。

对面图：建筑的竖向交通得以精心设计。周边的电梯止于轮廓曲形向内弯转处，核心筒内电梯则一直延伸至顶层机房处。

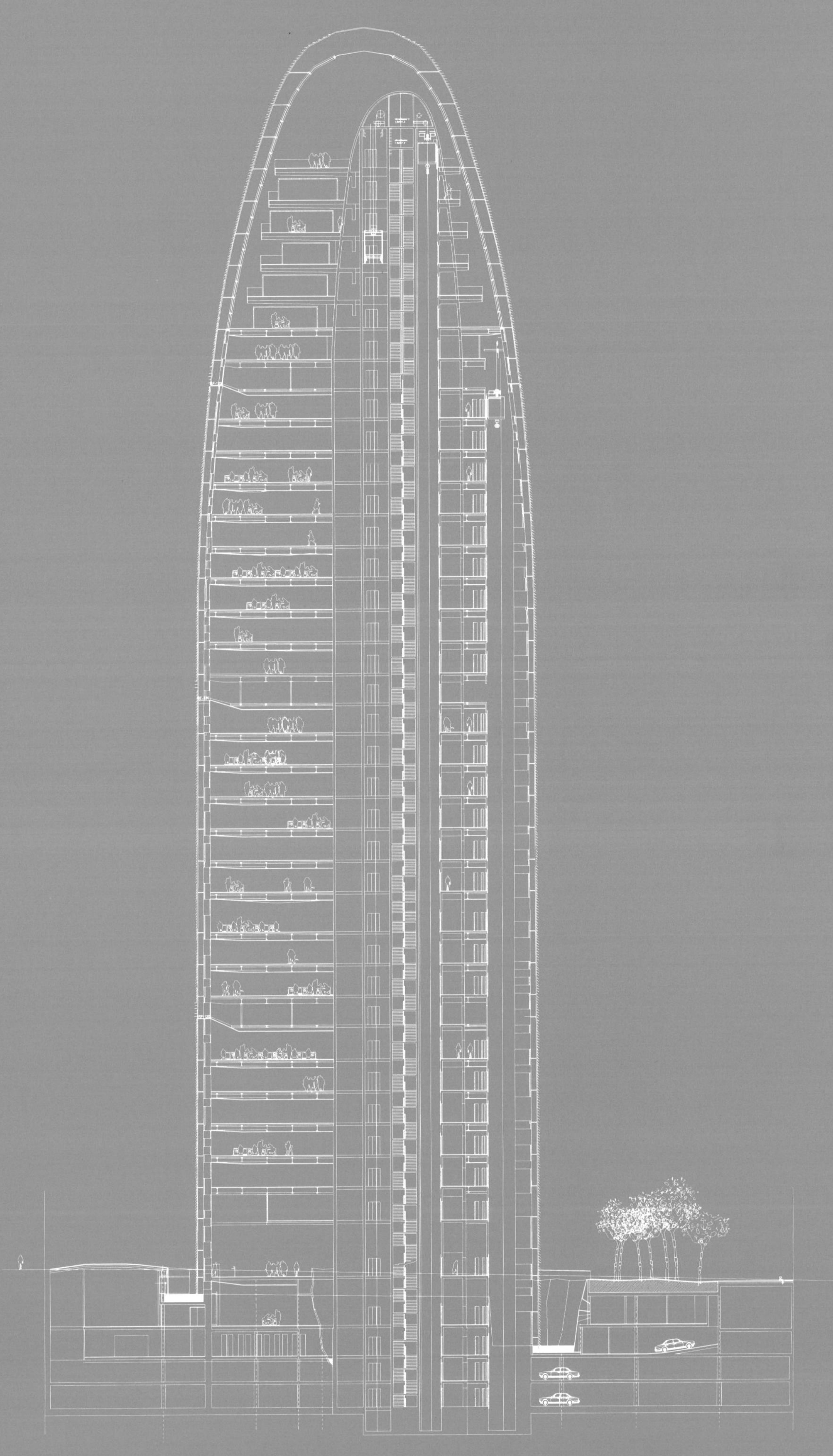

电脑绘制图，远处有圣家堂(Sagrada Familia)为背景。曲线的轮廓没有使建筑显得突兀，而是体现了高层建筑与普通城市建筑的和谐呼应。

Habitat酒店，Hesperia酒店及办公大厦

西班牙，巴塞罗那，2005年

建　筑　师：多米尼克·佩罗
(Dominique Perrault)

结构工程师：Brufaui Associats/
Pamias Industrial Engineering

这个设计强有力地冲击了都市设计理念。法国建筑师多米尼克·佩罗所采用的建筑形式直接解决了城镇规划问题。作为巴塞罗那市市长的特约建筑设计顾问，他已经利用他的地方特权提出了一个在传统历史名城建设高层建筑的周全解决方案。

Habitat酒店的设计摒弃了传统的高层建筑形式。参照安东尼奥·高迪(Antonio Gaudi)在圣家堂和巴塞罗那奥运村中提出"空中城市"的新空间概念，建筑师将卧房侧的主体结构进行调整，占据了一个属于"空中城市"范畴的狭窄区域。这种通过水平错位将建筑与其底部的低层建筑分离开来的方法是参照Eixample（1859年巴塞罗那老城扩建时的一个低层框架建设规划）而来的。

建筑的立面处理指明了前后错位的方向。处于酒店主体结构与基础之间的玻璃面板竖直向上延伸，暗示着一个向上的剪切变形——好像卧房的主体被推离了基础一样。具有公共流通空间功能的立方体基础做得非常好，去除"上推"房间后的平行六面体看起来极其轻巧。建筑师充分认同了巴塞罗那这个城市表现出的固有的人性化特点。与带复活节岛屿雕塑的建筑形式相似，这项方案神人一体的特性亦非常突出。

Hesperia酒店和与其相连的办公大厦也运用了这样的建筑创新，这两栋建筑竣工后与Habitat酒店形成一个完整的建筑群。Hesperia酒店共9层，包括114个房间，有着与城市布局类似的方块形状。旁边的办公楼共有25层，上部4层悬挑出来，占据了两个建筑物前面的巨大空间。从技术角度来讲，这些建筑设计都需要认真考虑结构的受力性能才能得以实现。建筑的上部结构全部为钢筋混凝土结构。Habitat酒店中部区域的网格布置规则，每层的平

从左到右依次是Habitat酒店，Hesperia酒店及办公大厦。在强烈的阳光照射下，深悬臂建筑产生了沿其表面纹理流动的阴影。

面设计都很一致，因此结构悬挑处需要额外设计向前延伸的悬臂翼墙来支承22层卧房的荷重。由结构外形引起的倾覆力传递到这些翼墙上，可能会导致建筑整体的侧向屈曲，于是设计通过增设附加电梯井来加大结构刚度以防止破坏。酒店后端的多层裙房可以平衡掉上部结构自重引起的倾覆弯矩。荷载传递到底层，然后进入地下停车场进而传递给整个地基。由于上部结构的倾覆弯矩已经基本平衡了，所以在建筑重量作用下，地基能够均匀承载。

建筑选用有保温和避光作用的新型混凝土作墙面。通过沿环向布置的一系列规则洞口采光和视物。这些洞口很大，以至于模糊了窗间墙和百叶窗之间的界限。窗户尺寸全是一样的，因此建筑的表面看起来就像一个中性颗粒一样十分规则。惟一需要考虑的细部连接就是窗与窗之间的连接。施工过程中，该部分直接浇入混凝土

强光照耀下，Habitat酒店的开洞窗立面使射入室内的光线变得柔和，并以规则的建筑外表面形式强调了其内部空间使用的规范化。

中，因此即便在建筑内部也根本看不到连接节点，全部节点都隐藏在楼板里或内部拐角处。建筑外表面还铺装了一层厚阳极氧化铝板，既可以反射不同出质感的光，又可以遮蔽建筑物以抵御海洋气候。这个金属保护层同时也遮盖住了外部接点。

斑驳的面层打破了Hesperia酒店和办公大厦外形的单一化。建筑师以随机交替安装玻璃和部分不透明面板的方式来装饰其外表面。透视图所表现出来的建筑仿佛要溶解于天空之中。

这个城市的正交网格风格在这些设计的每一部分都有所体现。房间形状，平面布置以及结构构件都采用了简单的矩形。裸露的混凝土过梁底面及墙面有助于保持内部空间的温度均衡，此外，石料打磨质量和优质金属零件的选择也十分重要。结构设计和建筑方案中考虑了巴塞罗那目前的风格，但是没有体现其历史。所有房间都是整齐排列的小单元，分布在整体框架上。不过建筑的施工并不是如此简单。施工人员必须认真地依照施工图上的布置，在混凝土硬化的同时对公共设施、管道、照明和电闸盒等进行准确地安装。否则一旦出现错误，只有损坏建筑物自身表层或者破坏大块区域才可能进行修改。

要建成高质量的混凝土工程很困难：除了必须避免面层脱落外，给面层均匀上色也需要很高的技术水平，比如“色深”问题，就是因为超量振捣导致的。要建好标准房间，需要采用施工精度很高的钢模板以及经过特殊设计、加工并能够重复使用的模板铰接和焊接元件，才能浇筑出外表连续、光滑的高质量混凝土。

两座高楼底层的深过梁和周围檐口连系在一起，增加了公众场所的空间。

1. Habitat酒店的深基础向前延伸至整个建筑的底部，充分利用了地下空间。开挖土重量与新建建筑的重量相平衡。

2. 南部城市的日照角相对较大，设置在高处的悬挑部分在建筑表面形成了一个大的阴影，但没有遮住公共广场。

3. 就像跷跷板的支点，悬挑部分产生的倾覆力会在建筑底部与低矮结构相连处产生一个附加的集中荷载，因此这一区域的柱子及基础都局部加强了。

4. 简单的矩形设计导致刚性混凝土横向翼墙的出现。没有使用昂贵的转换板，这些翼墙直接延伸出来支承着悬臂区域。

商业银行大厦

(Commerzbank)

德国，法兰克福，1997年
建　筑　师：福斯特及合伙人
结构工程师：阿鲁普

由基本部分组装而成的塔式高层建筑像是悬挂在法兰克福市中心低层建筑群的"一角"。

目前高层建筑与人类生态环境的和谐关系已成为建筑师和环境工程师们所共同关注的问题之一。在德国，欧洲的一个绿色保护主义协会已经为生态大厦提供了一个标准样本，即德国的金融中心，位于法兰克福的商业银行总部。

作为中标方案，这项设计彻底重新定义了所谓的高层居住和工作环境。福斯特与其合作者们很有特色地将一个复杂概念简化成一系列不言自明的建筑构思，其草图大概这样：敞开着的窗户旁边有一个座位，可以看到附近的同事和花园，远景则是城市的轮廓线。

要在北欧的气候环境下实现自然通风，必须摒弃传统的楼板围绕着核心筒体的建筑布置方式，重新进行构思。奥斯卡·尼迈耶在1967年巴黎Tete Defense规划中利用“空中花园”将整体分为几个直立的建筑单元；罗奇—丁克路设计的哥伦布骑士团大厦则将大跨楼板支承在圆形核心筒外面，以上两种元素在商业银行大厦的设计中结合在一起，形成环绕中庭的三角形平面。四座空中花园以螺旋方式将整个建筑分成八个使用区，因此由建筑内部的每扇窗户望去，都可以俯瞰到花园和远处的城市风景。

该设计以这两个建筑为先例，结合了二者特色。商业银行总部中，玻璃幕墙围护着“冬季花园”并横穿过中庭地带，这样就可以控制风引起的空气流动和暖空气上行产生的浮力。通过自动通风口调节和补充手动开窗通风方式的不足，保持建筑

开放式筒体的内景。除空中花园外，采用双倍层高也增加了整个建筑内部的宽敞感。

内外较小的气压差，引导气流顺畅排出并解决开门问题。而透明楼梯斜顶则是该建筑的防火措施之一。因为它像一个烟雾存储器，热气体汇集进去之后就不会冷却或危险地弥散在整个大厦中。此外，大厦在设计中还运用了计算流体力学知识。计算流体动力学简称CFD，是空气动力学的一个交叉学科，目前已经成为求解平面和剖面气流变换问题的一个重要工具。尽管必需要依靠风洞试验的数据进行校核，在流体设计过程中采用CFD进行计算可以快速预测、调整以及再评估气体和能量的流动情况。

大厦拥有一个大型空气调节系统。建筑的密封程度、吹风的温度以及空气湿度等都是通过这个空调系统来控制的。但是如果居民可以随意打开窗户，系统就难以维持平衡，因此一个所谓的“混合模式”调节策略就应运而生。一年中的大多数时间里，法兰克福都比较温暖，它位于内陆，如果外面空气比较清新，大厦的周围环境自然就会舒适怡人，所以，只需在其余时间里启用自动空调系统提供制热、制冷、通风，保温和湿度控制中的部分功能就可以。一年当中仅有几天的时间里，外部风光可以胜过大厦的内部风景，这不禁让人觉得最初用于绿化的投资以及多年的培育都很有意义，尽管当年有不少人因此认为应该减少大厦内绿化。

施工时，这座塔楼是欧洲最高的建筑物，比旁边的建筑大约高2m左右（7英尺）。其内部的竖向交通、便利设施和结构体系清晰明确，共同组成一个简单的整体

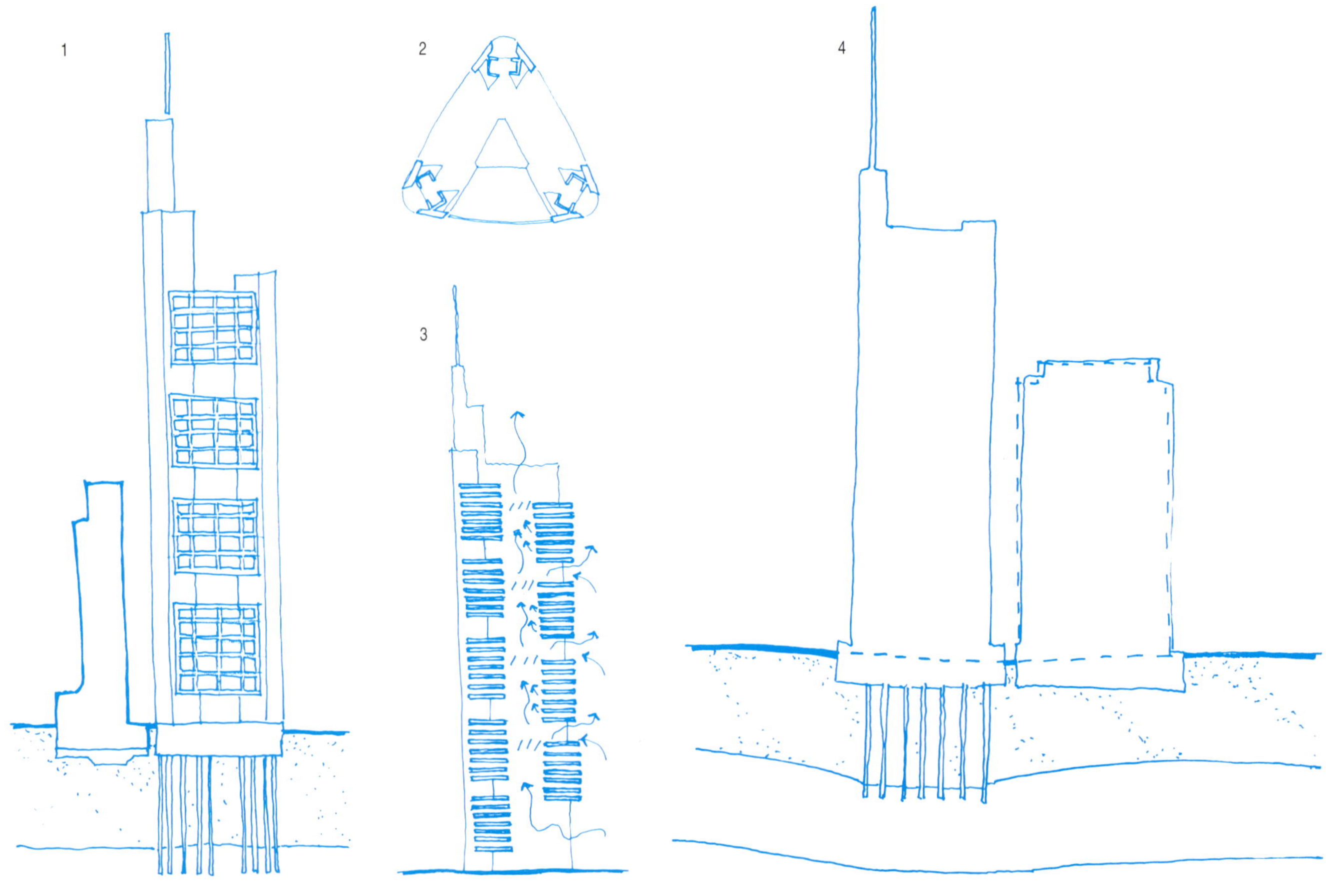

1.主体办公楼板横跨在建筑正面的多层“Virendeel”桁架上，而桁架则支承在建筑的角部。

2.筒体集结在拐角处是理想的结构布置方式，可以提供经济而有效的抗侧力。三角形平面导致了楼板构造造价很高。

3.横断面布置成有利于自然通风的模式。采用一系列由空心板制成的横隔板来控制中庭的空气流。

4.建筑物支承在混凝土桩基上，桩径逐渐减小就像一个倒转的望远镜，桩中施加了预应力以减小其弹性变形。为了减小土壤的变形，桩基打得很深，因为深层荷载可以传递到下部的大块土体中，这样地基沉降就能分散开，对邻近结构的影响也相应减小。

建筑正面上跨越整个建筑宽度的桁架使空中花园成为不受干扰的空间并有足够的高度让日光照射进建筑内部。

——9座空中花园阶梯式地分布，将每个立面平均分为3部分，顶部是与宗教无关的尖尖的电信装置。楼板分散布置，这使得建筑的整体轮廓更加宽阔。同时为了提高结构和土地的利用效率，增多了楼层，自然也就使昂贵的幕墙造价增加了。不过，将使用区与低成本的内墙相邻布置可以使外墙的高额花费减少些。

这个追求生态环境的顶级设计也导致了一些不和谐之处，甚至在竞标方案的创作者内部也存在争议。因为这个开阔内部视野的三角形方案将包括电梯、楼梯以及升降梯在内的筒体遍布在每一个外侧角落，而会议室却直接远离环向交通，集中在一个封闭的内三角中；此外，一块新月形的玻璃面板横穿中庭地带，支撑在网架之上，将建筑布局回复到正交的布置形式，破坏了主体处的几何形状，幸而外墙是漂亮的弓形表面，弥补了这一缺憾。

建筑设计没有考虑太阳路径的不对称性，它实际上采用的是两个使用区侧翼环抱着一块空旷区域和花园的布局。楼层平面旋转布置，创造出一个复杂的空间，但是牺牲了自然光的最佳利用方式。

使用攀爬模板技术施工可以很快建好钢筋混凝土筒体。主体结构由钢框架以及支承在多层焊接钢桁架上的轻质钢－混凝土组合楼板组合而成。不规则的平面形状导致薄壁钢板需要切割，还有复杂的节点构造，因此楼板造价并不经济。位于建筑外侧的“Vierendeel”桁架梁由圆柱及曲梁一起弯成一个单元，受力不合理，但利用相连楼板的刚度来保证侧向稳定性，可以保持其平面曲率不发生变化。尽管节点和连接非常复杂，但各交界面的处理精确合理，因此承包商仍能以三天一层楼的施工速度获得经济效益。

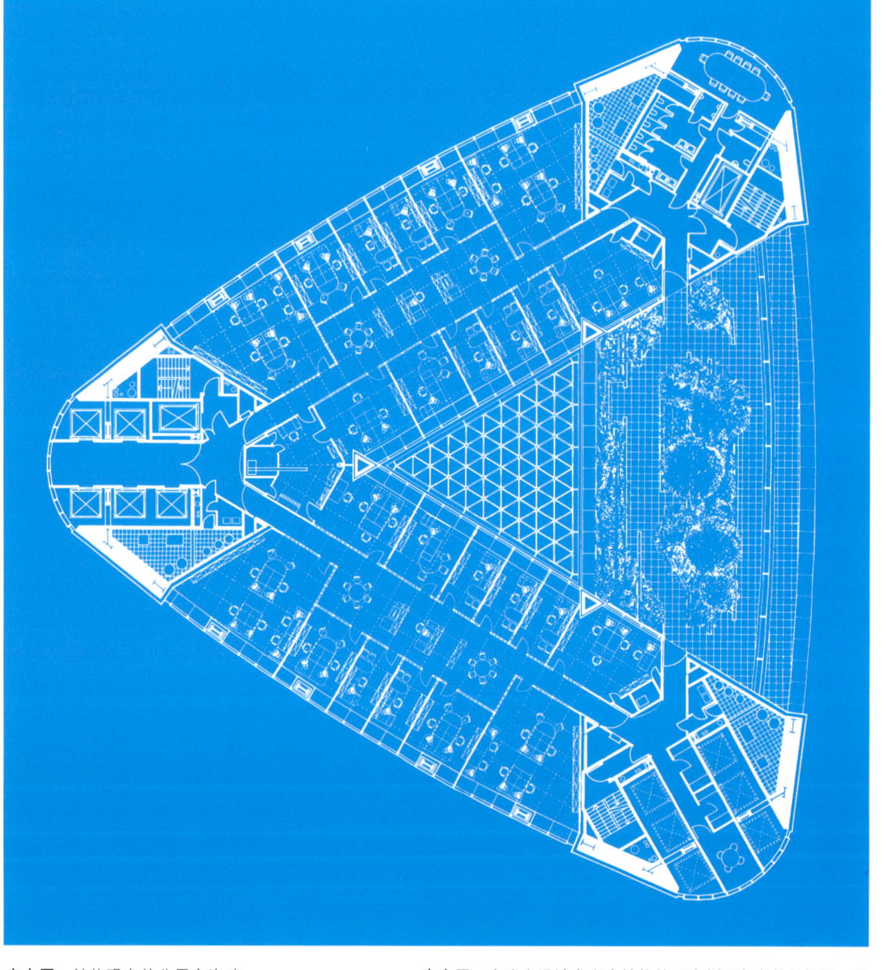

顶图：在建筑内部，工作人员的视线穿过中心地带，可以看到他们的邻居、空中花园及其外面的城市风景。

左上图：结构现有的分层允许建筑分散为较大的空间，并且自然光线可以射入到较深的平面区域内。

右上图：在这个设计方案中结构的三个侧面各自仍是矩形，只是利用部分筒体和开敞式的平面布置改变了传统的结构布置型式，因而简化了结构体系、平面划分、楼板及内层天花板的设计。

建筑的螺旋层次一直延伸到拐角中心的电信发射塔上，核心筒体置于外角使建筑外形看起来更有气势。

波茨坦广场的德比斯大楼

(Debis House,Potsdamer Platz)

德国，柏林，1999 年

建 筑 师：伦佐·皮亚诺建筑事务所/
克里斯托弗·科尔贝克
(Christoph Kohlbecker)

结构工程师：博尔及合伙人事务所
(Boll and Partner)

该方案在1992年的竞标中胜出，它是北欧高层建筑的典范。德比斯大楼占据了柏林波茨坦广场老城结构体系中的一整个街区。设计者重新考虑了该街区的地理位置及其19世纪的建筑设计传统。作为第一个现代化的城市交通运输中心，这一地区在第二次世界大战中遭受了严重破坏，并因此而被柏林墙一分为二。如今，它已经成为复杂的"戴姆勒城"再发展计划的一部分。因此，为达到能方方面面反映城市环境的目的，建筑师需要对该建筑模式进行细致构思和组合。这个位于城市西端的22层塔楼是根据Tiergarten隧道入口处的城市交通网络规模而进行设计的。它将一种古老的建筑技术运用于完全现代化的、合理的建筑外观中。建筑物的每个侧立面都反映出其对应方向的景观，整个结构把各种元素均衡地融合在了一起，这都要归功于设计者对比例以及和谐感的极高的领悟力。该方案的底层设有一个拱廊作为公共空间，可以通往上面的四个分区。

布局、结构形式和细部构造是设计首要考虑的原则问题。其中，居住和办公空间的自然条件则是需要重点考虑的因素。长长的场地上，结构围绕着巨大的中庭布置，这就保证了楼层平面具有足够地宽度，从而满足了采光和自然通风的要求。这里借鉴了路易斯·康对理查德医学实验室大楼(A.N.Richards Medical Laboratories)的设计方法 ：其竖向交通

在控制太阳光照射的遮板后面，朝南的组合型边线末端是竖向流通通道和住宅区服务性单元框架的组合结构。

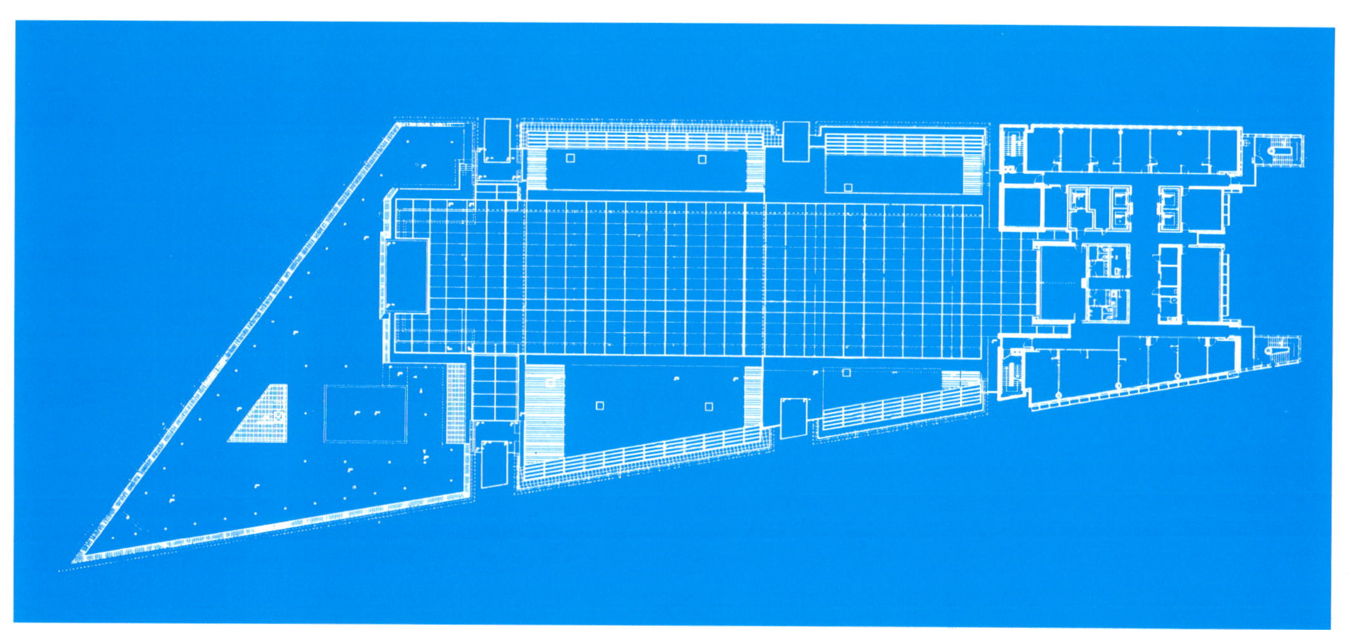

顶图：该设计覆盖了一整个街区，并因地制宜地将其规划为比例匀称而又紧密关联的组成部分，满足了建筑物光照和通风的要求。

上图：要尽力处理好建筑物的北角。单柱外悬的楼面板用来支撑覆盖层，并使覆盖层逐渐交界于剪切边隅。

的分隔，如主要生活区的楼梯、电梯，设计得经济而有效，不仅适应了不规则的场地，而且还将各部组合成了独特的建筑风格。这种有层次感的组合也是该建筑主体结构所强调的。设计时，建筑师尝试性地将双层地下停车场降到了柏林市的饱和冻土层以下，并且在其顶部设置了两层的转换“平台”结构，平台支承着横跨其上的拱廊，中间是设备层。该建筑的上部结构是一个常规的中心支撑框架。公用楼梯悬挑在角落里，公共空间的下方是悬臂的剪刀状楼梯。中庭的屋顶是一个轻质的遮篷，它支撑在网架结构上。整个街区的形状像一个有尖角的楔形竖杆。最高的塔楼顶上是一个不规则的立方形镀铜镶板。

南面和西面是建筑物的通风面。这两面的玻璃墙面就像是夏天里的太阳灯罩，热空气顺着其内部通道上下流动；也像冬天里的温室，通过墙壁来缓冲内部和外部的温度变化梯度。百叶窗的外层由温度传感器控制，在炎热的夏季夜晚将全部敞开。内部的双层玻璃窗格呈漏斗状张开，这样，当外部温度在5℃以上20℃以下(41°F～68°F)时，即全年60%的时间里，采用自然通风就可以满足要求。在建筑物的其余侧面，建筑外表的双层玻璃幕墙用压型陶瓷遮板加以保护，这种陶瓷遮板由一种深埋在地表下的很薄的一层黄褐色自然土烧结而成。在建筑外部，用可调节的挡板作为媒介层来与建筑物正面固有的颜色相匹配。这种挡板在不用整体移动的情况下能随意地进行调整。挡板的颜色调料必须与移动窗格所反射的周围环境中的树木和日光等其他条件的颜色变化相协调。在光照研究的基础上，工程师还精心设计了窗间的标准构件，以获得最佳的日光照射方案，降低集中光照和减少内部的热量。简单来说，陶瓷遮板和玻璃的支撑框架就是由精致的支撑杆件和铰链组合而成的。这种胶合片状铰链支撑的装配式无框强化玻璃采光系统，由目前汽车工业领域仍在使用的技术转变发展而来。因技术含量低而易碎的玻璃通过这种极端简单的支撑系统安装得相当好。

这种建筑物的外观处理方法包覆着整个建筑物直至中庭。中庭的玻璃穹顶非常美观，并且具有艺术价值，其敞开式的设计有利于上部结构热气流的消散，否则这种热气流的热对流将对下层造成不适的影响，并且这种设计为产生穿过整个住宅区

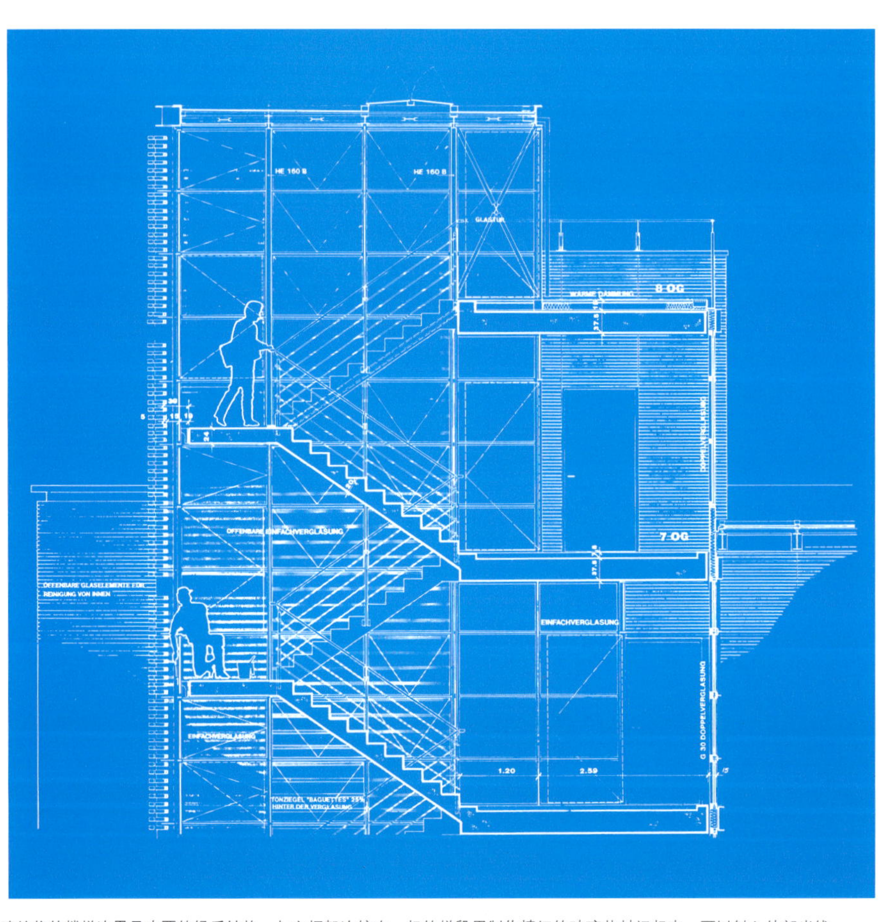

建筑物的楼梯边界是次要的轻质结构。与主框架连接在一起的梯段用制作精细的玻璃井封闭起来，可以射入外部光线。

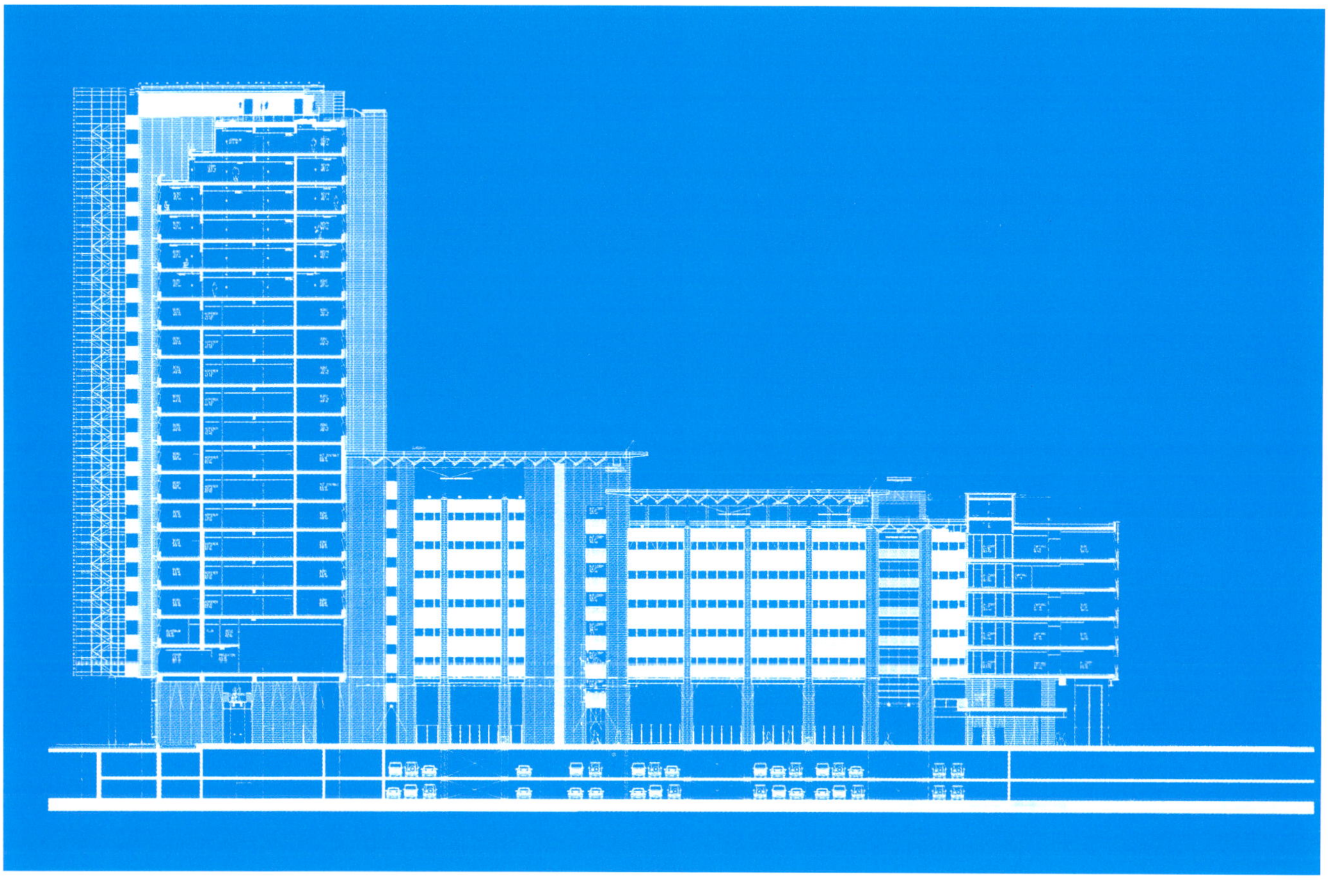

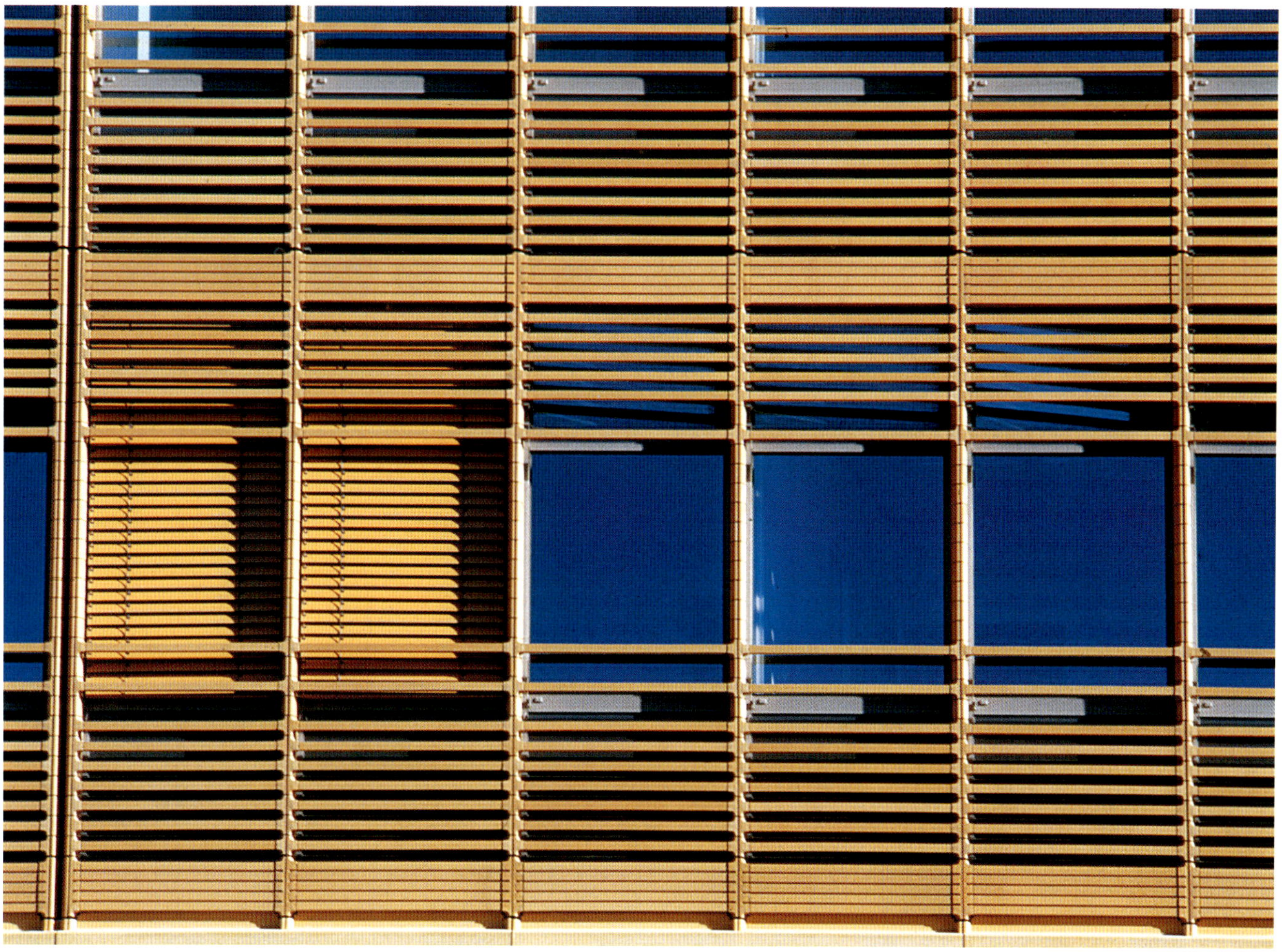

顶图：整个建筑物采用边线光滑的空间框架形式，通过沿着一个竖向的天井顶棚组织起来。把基础用作双层的停车场，可以更加充分地利用建筑物的空间。

上图：陶制的半截型窗包括支撑在套管末端的压制陶器闩，套管末端隐藏在符合建筑模数的陶质竖框后面。

的穿堂风创造了条件。覆盖在玻璃表面的丝印遮板可以调节入射的太阳光强度，地面公共区域产生的各种噪声对周围办公环境的影响则通过声学方法来处理。

在遇到内部极端荷载或受到外部环境影响时，建筑的整个力学系统都发挥作用。设计尽可能使该系统更为有效。热量和能量来源于社区的供热系统，采用镶嵌在屋面板内的喷水头喷洒冷水来降温，这种方法避开了因通风而排出热空气所导致的强空气流动，保证建筑结构始终处于平稳正常的状态。降雨产生的雨水在建筑物内部可以循环再生利用，既满足了树木花草浇水的需要，也满足了盥洗室冲洗的需要。工程中采用的都是通常所说的环保型材料，即便是混凝土模具上都使用了环保型的植物性脱模剂。建筑材料的处理及预先组装都是在附近一个铁路调车场内完成的，工程垃圾也没有堆放在路面上，而是通过旁边的兰德韦尔运河(Landwehr Canal)直接运走，这样就把污染控制在了了最小程度。

这种设计理念在欧洲极具影响力，它大大拓宽了在建筑外观设计中沿袭了许多年的设计理念。

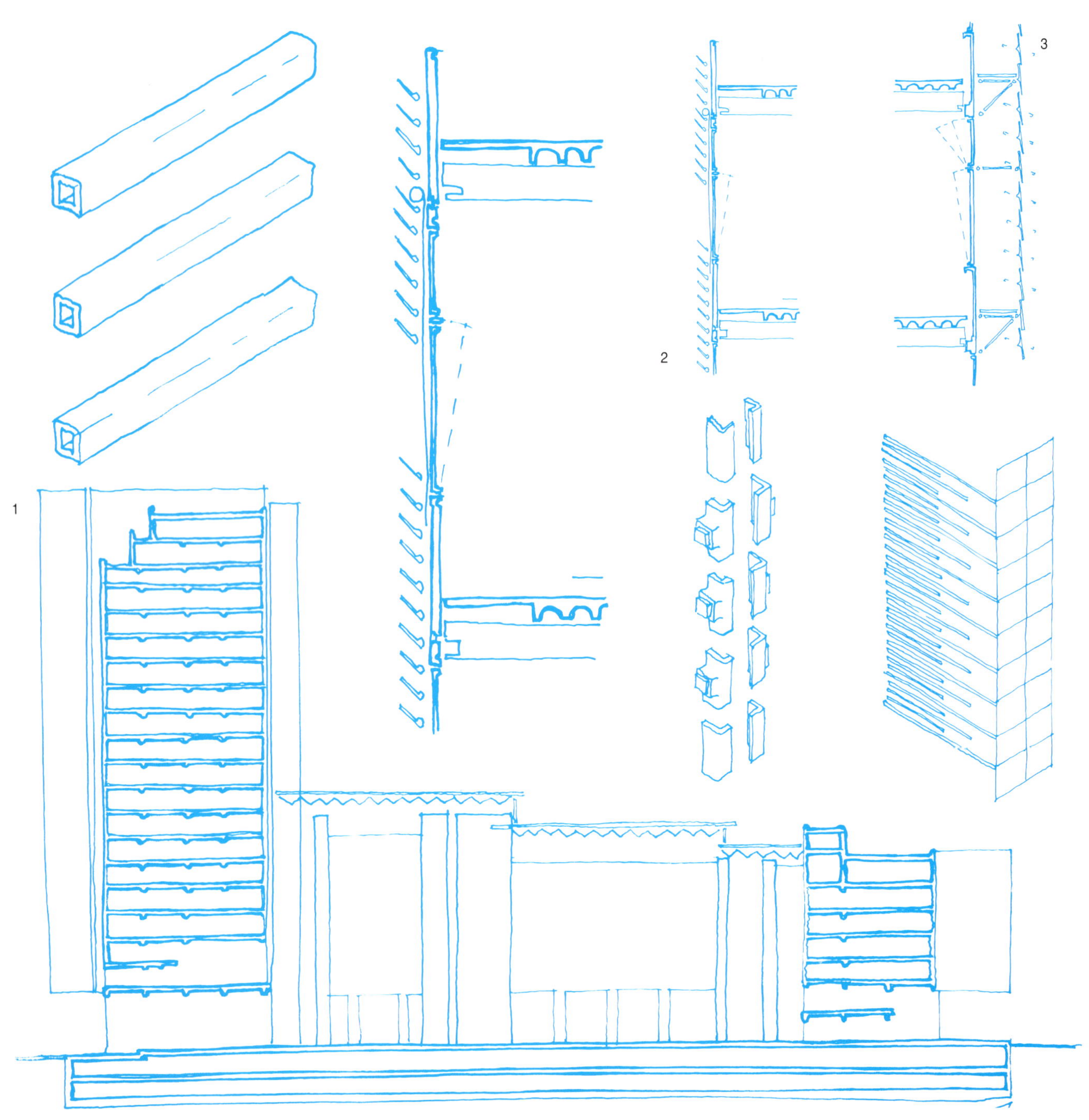

1.该街区的低层框架结构能够在没有侧向支撑的情况下受弯抵抗风荷载。高层结构通过竖向柱子和核心筒的剪力墙来加强其刚度。

2.施工时以最简单的方式安装免修的窗构件。这种自然的土色大大降低了眩光和易于风化的可能。

3.双层立面对内部空气有缓冲作用，两个立面之间设有可调节的挡板，可以传走热量并使得空气不断循环。

右图： 光线穿过中庭时发生漫射。光线通过全透明的屋顶后尽可能的集中起来，然后通过拱形遮板进行调节，再通过沿墙面设置的白色玻璃进行阻挡，向四周散射。

德国波恩邮政大厦

(Deutsch Post)

德国，波恩，1999年

建　筑　师：墨菲／扬建筑师事务所
(Murphy / Jahn)

结构工程师：维尔纳·索贝克
(Werner Sobek)

位于波恩前市政府地区的德国邮政大厦是一个公开竞标的成果。为了追求欧洲成员国的共同发展，建设绿色欧洲，客户对于该设计的一项原则性要求就是要进一步增强低能耗观念，同时必须能够表达出对公众的责任和义务，且能达到在雇员之间增强交流和理解的目的。在建设过程中，“德国邮政”更名为“世界网”(World Net)。更名的举动意味着，设计方案要考虑到在全球通讯发展形势下国家邮政服务的多功能性，这就要求新建成的德国邮政大厦要能够被灵活使用。该项目的具体目标是要以市场为基准把造价降到最低，并且要节约能源，把能源消耗控制在欧洲规定指数的75%以下。最后的结果是，设计者们以同类常规建筑所需的同样的造价实现了40%的能源节约率。

墨菲·扬的获胜方案体现出了其设计者丰富的实践经验。他们设计的标准办公楼（德国经济奇迹的一个副产品）汇集了他们同时在美国芝加哥和西德两地工作几十年的经验积累。这一设计方案简洁朴素，将简单的布局配以精致的细部构造，并对所有的结构单元都进行了仔细地推敲。办公楼坐落在城区与莱茵河畔草坪公园区之间，实现了与贝尼施(Behnisch)设计的老国会大厦（现在已经成为会议中心）、埃贡·艾尔曼(Egon Eiermann)设计的前议会大厦(Langer Eugen Tower，现在由联合国使用）和约阿希姆·许尔曼及合伙人(Joachim Schurmann & Partner)设计的“德国电波”(Deutsche Welle)广播电台等大量建筑物的完美结合。

该建筑的设计对常规悬臂柱型的高层建筑基础做了精心的调整。竖向构件不截断，直接延伸上去，水平构件包绕接头，但与柱子是独立的。这样处理使得通常在裙房位置处很复杂的荷载传递关系得以简化，建筑布置整齐规范且实用易懂。由于地表没有斜坡，所以塔楼入口清晰明确且宽敞开阔。底部结构和引道坡一直通到河岸公园的上层屋顶。除办公设备外，每一建筑单元都包含了各种会议大厅、酒吧、饭店、书店和多功能厅。

塔楼本身的建筑形式与常规做法很不同。大楼共45层高。两个椭圆部分从中间分开，并且共用一个中部区域、交通设施和定位空间。主体采用钢筋混凝土结构：简单混凝土平面楼板支撑在圆形柱子和核心筒墙上。位于主要办公区的密集柱网把每层楼板的高度降低到最小，自然也就降低了整个建筑物的高度和重量。塔楼内部的交通模式非常简单，电梯组直接向大厅敞开。位于外部办公室和中心会议厅之间的弧形走廊避免了各机构间的互相干扰。塔楼两边分开设置的楼梯间和电梯井分别支撑着主体框架，并且每9层设置一道稳定支撑将两者连结在一起。支撑联系处用作空中花园，通过花园平台把整个建筑物沿竖向分成了许多部分，每部分内可进行交叉流通和局部定位。环境调控设备的作用则体现在封闭的整体结构和全部构造中。在整个建筑中，无论建筑形式还是细部构造，都考虑了噪声处理及自然温度调节装置的利用，实用且符合生态环境的要求。

人们舒适与否，一要看空气的温度是否适宜，二要看周围环境中的物体表面温度是否均衡而温和。因为空气通过热传导使肌肤升温或降温，而稍远一些的物体表面在热时会辐射热量，在冷时则吸收热量。

混凝土是良好的热量储存体。因此该建筑办公空间的过梁底面没有采用任何装饰，直接将打好的混凝土暴露在外面。由于近年来标准模板的质量迅速提高，这样制作的钢筋混凝土构件越来越经济。巨大的建筑物就像一个存储热能的轮盘，混凝土天花板也有助于办公环境保持恒温。建筑内部采用铸铁制成的水管来供暖，将其浇注在混凝土内，所以整个地面都成了向周围环境辐射热量的暖气片。在炎热的夏季晚上，凉空气可以进入地面内的管道，把多余热量带走。

作为建筑的另一个主要辐射面，该建筑的外墙全部采用一种双层玻璃系统。这就为大楼提供了必要的透明度和开放性，允许白天有最大限度的光照，可以减少人工照明引起的能量损耗，但是其隔热效果较差，同时又带来如何控制阳光照射导致的多余热量的问题。事实上在这栋大楼里，玻璃无处不在。建造这样的全玻璃建筑，这项工程完全可以称作是一项玻璃工艺的实验。各办公室之间通过玻璃幕墙分隔，每个房间都使用了具有消音功能的玻璃元件和推拉门；空中花园的楼板是玻璃的，甚至防火通道也采用了阻燃的玻璃衬里。在整幢建筑中，共使用了47种不同类型的玻璃，这些玻璃都是透明的，没有使之具有绿色调的含铁杂质。这样昂贵的设计方案使得该建筑晶莹剔透并且极具轻盈感。与透明度只有85%的普通窗玻璃相比，该建筑玻璃的透明度高达91%。

外墙的内表面使建筑物成为封闭系统，它是一个标准的双层玻璃幕墙系统，

在微微倾斜的莱茵河畔，简洁的塔式建筑外形使得它从周围的住宅楼中脱颖而出。建筑的全部立面都是透明的，并且都经过精美的细部处理。

其中充满了氩气以隔热。外墙的外侧空间可以进人，设有防风化的百叶窗，最外面是单层玻璃。南北两侧的玻璃安装方式不同，但都支撑在由支架、吊杆和“风针”（保证表面抗风用的轻质辐条）组成的薄壁构件体系上。外墙的内表面上喷涂了一层低辐射材料，可以将建筑内部热辐射的能量反射回去，减少热能损失。

朝南的外层玻璃窗格像瓦片一样倾斜摆放。在这个复杂的项目中，最精细的部分可能就是这些玻璃板的尺寸了——用最便宜实用的玻璃精心压成两个刚好8mm厚（5/16英寸）的叠层。叠合面上预留了外露的耐风化节点板，以与钢索的调节器相连。在阳光照射下，建筑的外墙内会产生温度变化梯度，外层和百叶窗间的温度较高，而百叶窗和内层间的温度较低。温度梯度较大时，把通风设备打开，可以利用“烟道效应”将外墙中的热气流抽出去。双层玻璃幕墙系统的一个缺点就是需要控制这种外部的热区域，阻止热空气向内扩散或者设置一个大型的上行通风管道。

在天气寒冷的时候，冷空气可以穿过外面的单层玻璃进入到建筑中，经过中间层后变暖，抵达墙板内层边缘。如果需要，也可以让冷空气穿过辐射式供暖器后引入办公室。随后气流可以继续深入到建筑物的中心区域，最后由各个天井的顶部排出。建筑物在竖向作了分隔，避免形成过大的气流流动，否则将导致冷空气倒灌和气压增大，难以控制房门的开启。

由于不需设置中央空调，相应地减少了绿化和绿化所需的空间，这就弥补了建筑外墙的复杂组成和占用空间所需的昂贵造价。如果要避免出现嘈杂的高压气流，管道——特别是立管的敷设也必然会造成建筑空间的极大浪费。目前设计中所获得的办公空间要比浪费的周边区域重要。

工程师们还通过流体动力学计算和风洞试验对建筑物内部及其周围的空气流动进行了广泛研究，考虑了穿过建筑物表面

上图：塔楼的墙壁平滑地延伸过墙角，檐口处也没有向外突起。幕墙由未设端边框的轻质框架支撑。

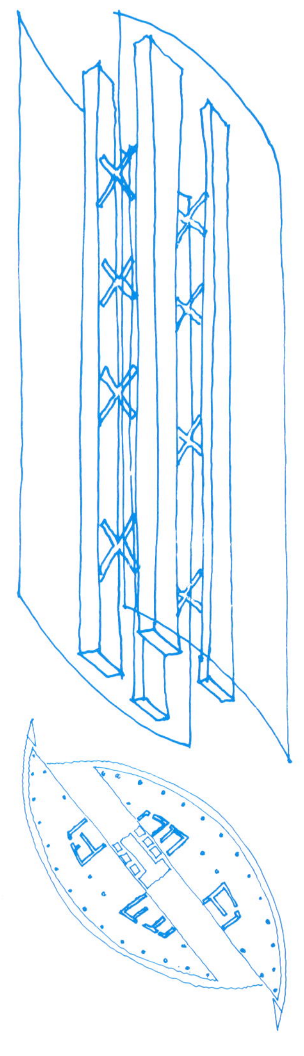

上图：通过采用一系列的交叉支撑和公共楼层空间，塔楼把相邻的两幢大楼有效地连接在一起，形成位于建筑中心的中庭。

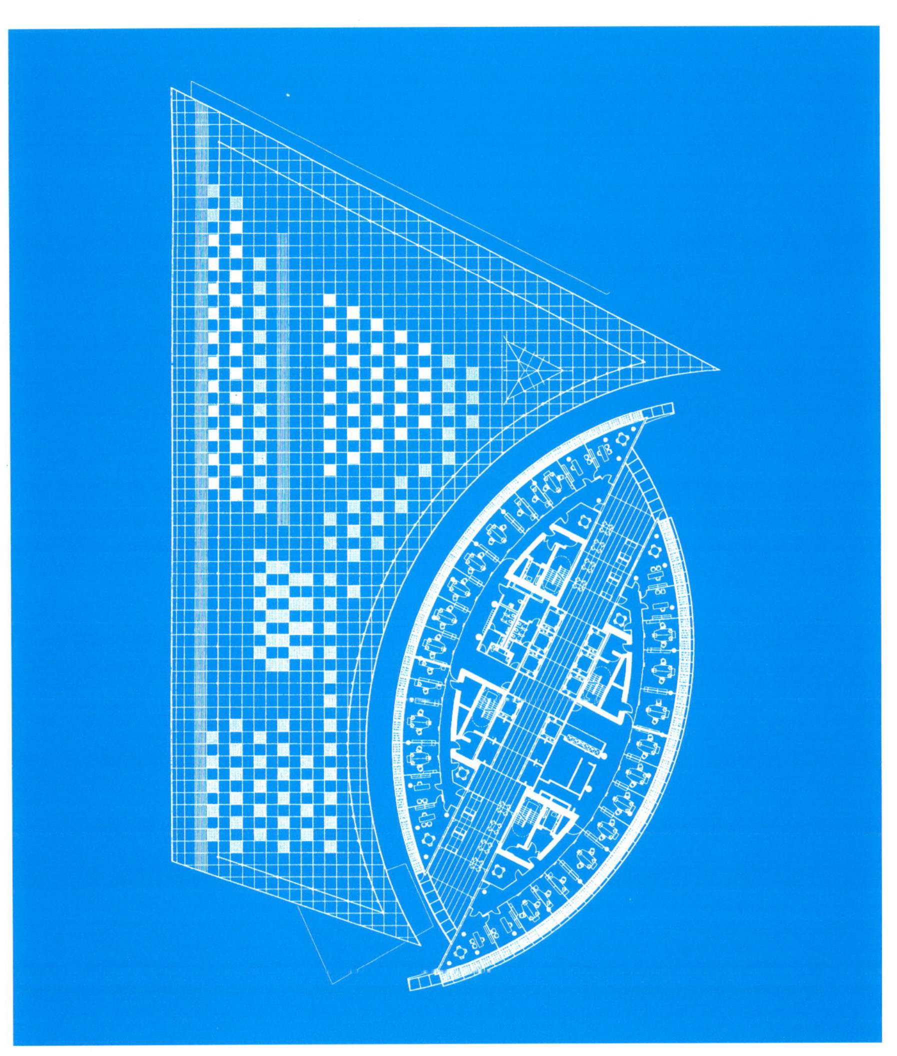

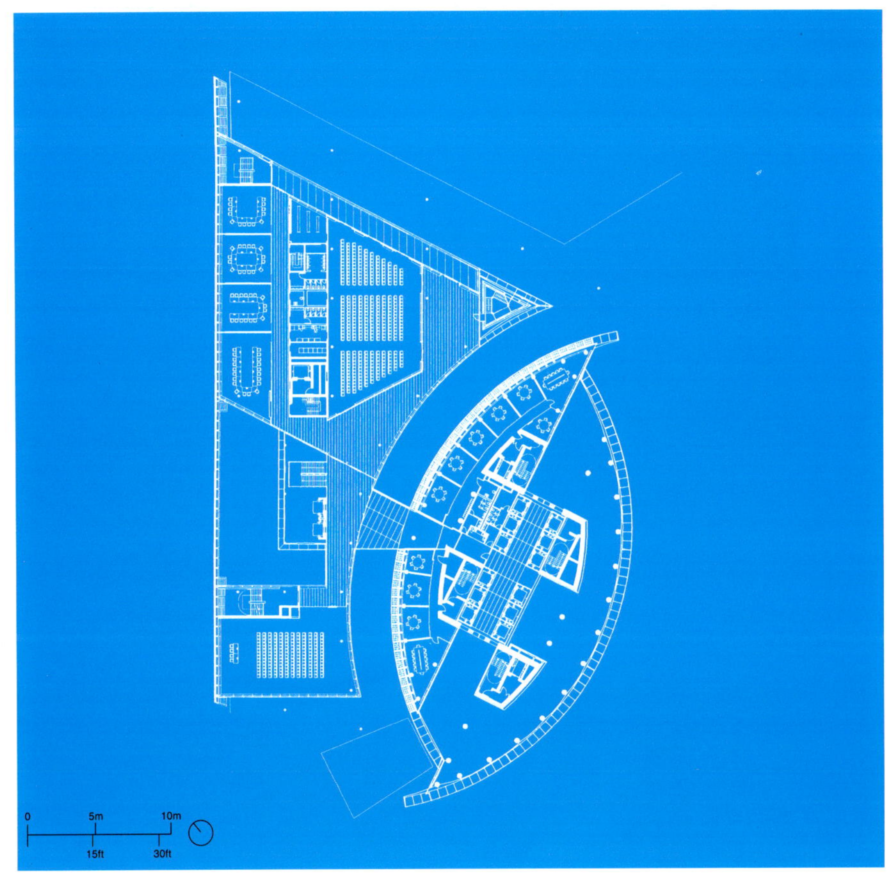

左上图：塔楼平面精心划分成了许多小办公间。电梯井分设在中心区域两端，每9层布置一道稳定支撑以相互联系。

左图：在相邻的街区建了辅助性裙楼和一个礼堂，由于没有设置与主体相互连接的结构构件和其他结构组成部分，使得塔楼结构变得非常简单。

顶图：在屋顶上，竖起的立面形成了遮阳板，保护着雨篷和露台。这一风格与周围环境很协调，并且建筑物的侧面也显得井井有条。

上图：每个立面都不尽相同的双层外墙大大降低了建筑物的能量损耗。外层的表面由最薄的玻璃制成，支撑在"风针"上。

的气流在外墙内部流动的特性，以及其进入更大的内部空间时的运动特点。与此同时，也对建筑的火灾性能进行了研究。通过向模拟的烟雾模型中注入一种可显示踪迹的油，可以演示出烟雾脱离火焰后的稀释程度，也就可以证明在最糟糕的情况下，逃生路线仍能保持适当能见度和透气性。

对风和热运动模型的研究成果用于制订建筑管理系统、自动控制渗透性和机械绿化等方案。如果要使整个建筑物的能量消耗保持平衡，就必需有一个集中式的计算机控制系统，它能对局部传感器装置迅速作出反应。在大多数现代化的建筑大楼中，能量损失的主要原因并非来自于较差的施工质量或绿化供应设备，而是仅仅出于无控或者无效的运作方式。

这种外形的建筑物抗风性能非常好。建筑物的正立面一直延伸出塔楼的末端，这样的建筑处理手法不但使建筑物的轮廓更加美观，而且能减小位于塔楼边角部分的办公室的风噪声。与此类似，建筑物的顶部也未设置突出的檐口，而是将立面直接延伸上去，形成一种逐渐消失的连续感。延伸上去的建筑立面为屋顶的雨篷和露天平台提供了一道11m（36英尺）高的幕墙。

中部的分隔、开放式的入口大厅和未加装饰的基本构件使得整个结构体系清晰易懂。

走廊平面是优美的平缓弧线形，其空间因混凝土楼面板的高度减小而得以增大。建筑物内部的任何地方都能利用玻璃进行分隔。

Colorium 办公楼

德国，杜塞尔多夫，2001年

建　筑　师：艾尔索普建筑师事务所
(Alsop Architects)

结构工程师：阿鲁普股份有限公司
(Arup Gmbh)

在北欧的工业城市中，地区的更新带来了一类设计独特的建筑。放宽的设计限制、宏伟建筑能够促进发展的观念以及造价低、工期短的施工等，都标志着这些建筑是为了拯救工业化后的萧条经济而设计的。在这些基础设施尚不健全的地方，经常出现这类尝试性的建筑物及其具有冒险精神的赞助人。

Colorium就是这样一幢赋有尝试意义的办公大楼，位于莱茵河畔的杜塞尔多夫港。它的出现对于使原来荒废的城市一角重新焕发生机发挥了重要作用，这里由此不断聚集德国新一代电子领域的企业家。这座办公大楼位于Spedition大街上，耸立在一片由著名建筑师设计的标志性建筑物当中，建筑大小和占地都与原来该处的粮仓很接近。

该方案采用的是常规结构形式和布局。钢筋混凝土框架结构，周边布置圆柱，沿着南侧偏心设置了加固框架结构的核心筒体。每个楼层通过灵活布置的标准隔断分成一系列可以出租的空间。在这一设计中，建筑和技术的复杂性集中体现在外墙面的装饰上。建筑师通过重点开发传统幕墙体系的装修潜力得到了独特的建筑效果。玻璃板、窗户和窗间墙都固定在预制铝合金框架中。玻璃板经丝网印制成同一种图案，但有30种不同颜色和17种不同类型的玻璃，这使得大楼的规模和形状产生了视觉效果的改变。正如第一次世界大战中英国旋涡派画家被指派去伪装船只时创造出了与天空和大海对照使人眼花缭乱的图画一样，建筑师在设计该建筑时也是一个优秀的艺术家，他采用的图案模糊了建筑物的层高，使得相对来说较小的一个18层结构看起来有些夸张。考虑采光，建筑的窗户部位限制了有些颜色的使用。矩阵排列的丝网印制玻璃板削弱了建筑外观的晦暗感，营造出感性的深色，光的反射又强化了这种效果。建筑师通过采用不同类型的面板组合来强调结构的主体部分，整个建筑的保持了其模糊的风格。

建筑物的顶部就像一个红色的轻质盒子，在码头的正面用钢桁架体系悬挑出来，隐藏于其中的是大楼的绿化带。这一组成部分可以在水面上形成倒影，并且在晚上时能够为整个城市清楚地看到，完美地将建筑物与周围及远离该处的环境紧密结合起来。

该设计成功之处在于对已有技术的实用开发。它将信号工业中加工处理复杂表面的技能加以应用，并与现代化的建筑外

上图：办公大楼采用混凝土框架结构和简单的幕墙体系，耸立在繁华码头一侧的大货舱之间。

右图：缤纷多彩的外表掩饰了普通的结构形式。标准的带状窗户和窗间墙都成为了深色装饰的范围。

观施工技术相结合。自第二次世界大战以来，德国和瑞士合作的“Mittlestand”制造基地不断完善了幕墙体系。铝，作为在元素周期表中较靠前的元素，易于发生氧化反应形成保护膜，因此耐腐蚀。通过冲模挤压，很容易把它制作成具有各种复杂形状的断面，而且强度和尺寸都适合制成需要运输和现场安装的构架。铝合金构件断面可以封焊，即能立刻使安装节点耐风蚀，又可以耐受下部结构的移动。在这个建筑实例中，为了达到早日封顶（这也是节约施工费用的要求）的目的，要以每天一层半的速度粘贴面板。于是设计时将水平连接件设置在窗台下面，远离楼板平面上的安装支托，分散了复杂的组合以降低施工难度。该建筑物采用自然通风，使用一种安全的顶悬窗框，将每个窗格都设成了能够开启的类型，同时也简化了安装节点和封条。

双层玻璃间的填充料采用低辐射的涂料，用绢网印花的图案来美化。其制作过程是把粘性的染料轧制到尼龙上去，这种方法来自海报的蜡纸模板印刷，即20世纪20年代荷兰风格派(Dutch De Stijl)大师所掌握的“高深艺术”。由于具有高质量的色泽和表现手法，这个成果迅速得以推广，如今在色泽鲜明的平面组合建筑图形方面有了新的应用。

就像20世纪60年代电影中的字幕标志着计算机处理一样，大楼的平面和街区颜色夸张地表达了数据文件的涵义，代表着新生的“媒介港口”。这些图案看起来与BBC电台的测试卡片、第一幅电子合成图像一样，看起来似乎什么都不是，但其着力表现了一个发展变化的阶段，就像乔治·赫西(George Hersee) 1967年的著名手工拼贴作80“图像测试卡F”。建筑物立面上的图案作为抽象的彩色矩阵上了杂志，立面图案的组合方式、并不正交的裁切方式及透视折算等问题，使传达了媒介含义的建筑外观成了媒介中大事宣传的新内容，装饰了杂志和书籍的封面。

这是一幢很普通的建筑物，其外表采用纤维织物来修饰，就如编织物本身的特点一样，建筑的风格也不会持续太久。尽管化学染色技术在发展，但就某些颜色来说，却非常容易褪色，因此，研究这个大“调色板”的褪色问题将会很有指导意义。Colorium是个美观的盒式建筑，完美地实现了宏伟建筑能够促进发展的设计理念。它不仅巧妙的通过精心操纵施工工艺别具一格地严格控制了经费，并且还将制造技术渗透到工业领域中实现了学科交叉。不论是建筑的外观，建筑的施工全过程还是形成最初设计理念的大背景，由计算机创造的复杂事物完全可以经济有效地替代传统规则。

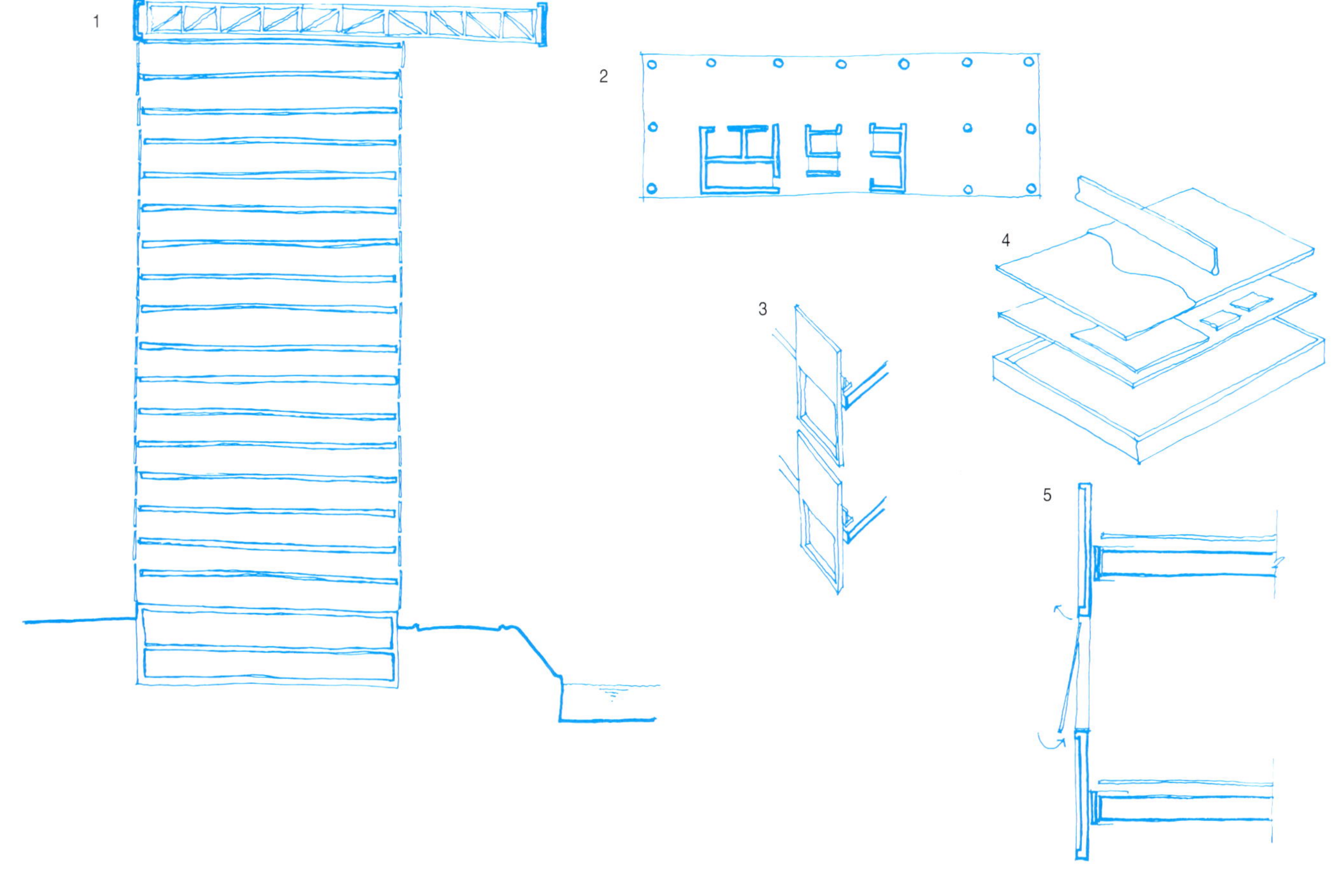

左图：玻璃窗和不透明的挡板都用彩色印版套印而成。印制方法就是该项目所采用的建筑表现手法。

1.该建筑的檐口采用钢结构，并用彩色的轻质玻璃合围起来。上部结构一直延伸到港口地表之下，以支承在坚固地基上。

2.该建筑采用了最简单的现浇钢筋混凝土结构，偏心布置了核心筒体。圆形柱子并不影响建筑外墙的简单结构。

3.建筑的面板由安装平板用的嵌板式单元组成。在窗户檐口的上方设置水平的连接件，使得密封的细部与主要的固定构件分离开来。

4.一种自动丝网印制方法生产出物美价廉、尺寸精确又丰富多彩的多样化面板。

5.通过开窗和高级的气窗通风，该建筑物可以自然通风。手动操作时，窗上的铰链使得窗户的打开和关闭安全可靠并易于调节。

建筑物的基本形状、它的规模、它的平面规划以及码头一侧的檐口，与城市港口住宅区周围的建筑物吻合得天衣无缝。

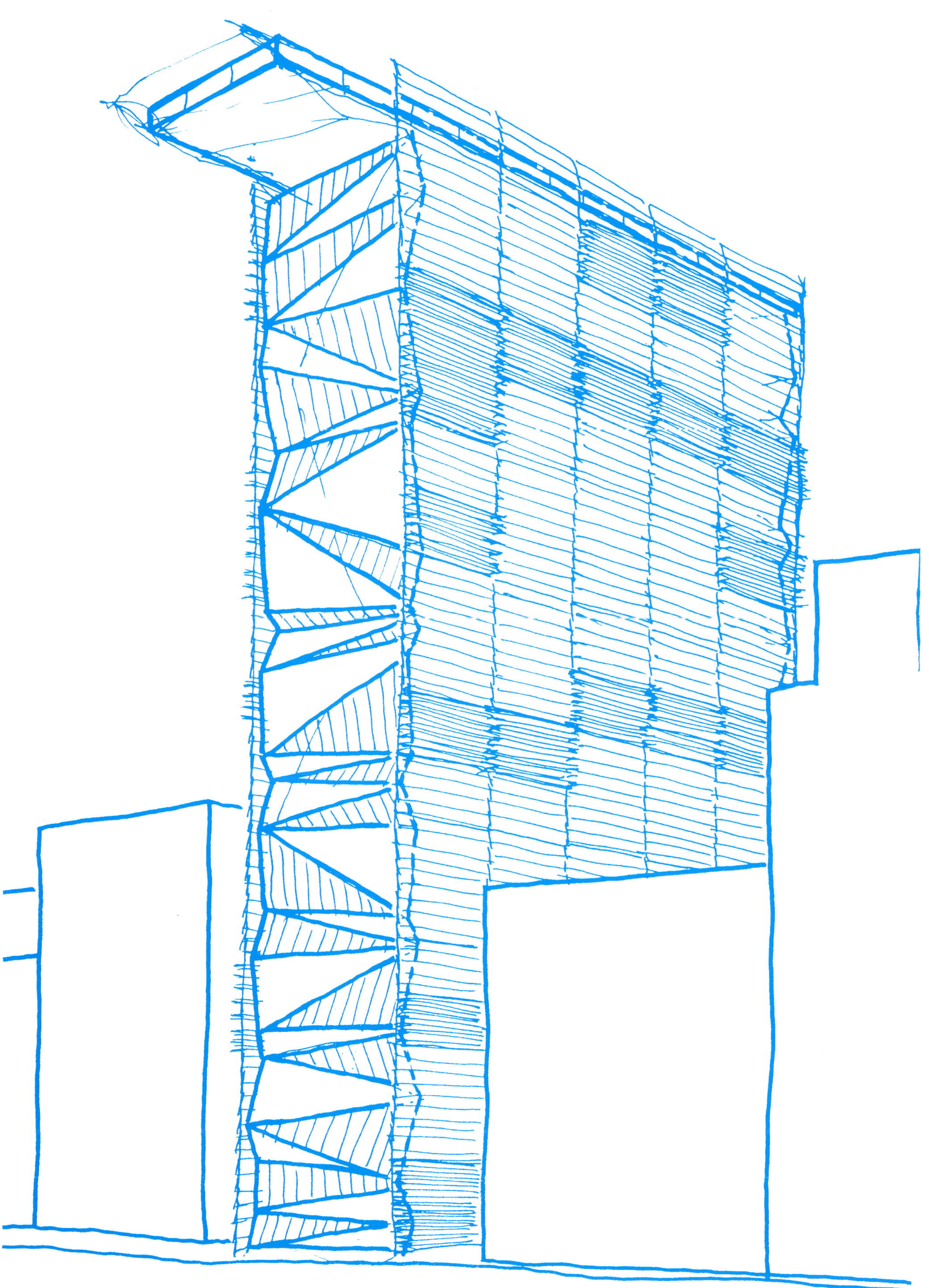

从这幅设计初期的草图我们可以看出一个极富生命力的创意在经历了即便是最彻底的简化过程后仍然能够"稳坐泰山"。

慕尼黑Uptown高楼

(Uptown München)

德国，慕尼黑，2003年

建　筑　师：英根霍芬·奥弗迪克建筑设计事务所(Ingenhoven Overdiek Architekten)

结构工程师：布格格拉夫、魏欣格及合伙人事务所(Burggraf,Weichinger and Parther)

20世纪80年代，建筑师在办公楼的内部空间设计时首先要考虑的问题是如何充分发挥可利用空间的效用，而整个建筑设计的巧妙与精彩往往体现在其对外部空间的影响。在进行建筑物的立面设计时，一般通过柱子的灵活布置使墙面产生不同的效果，如，要么将柱子嵌入墙体内部使外部墙面看起来平整，要么将柱子凸出墙面使其规模与布置在墙体外部一目了然。同时，还可以在墙体内部增设循环热水装置，使整片墙体成为大型散热片以满足室内温度调节的需要。在经济利益的驱使之下，人们不断地探索各种可能的墙体改革方式，而双面层墙体体系便是这种动力下的产物。这种墙体可以调节日光照射以及其他自然条件的影响，但这些功能的增加却是以浪费室内空间以及增加构造复杂程度为代价的。当然，与双面层墙体体系相匹配的隔板、骨架以及其他连接件也必须是双层的。因此，鉴于双层墙体体系也存在很多缺点，目前单层墙体体系仍然是建筑物外围护结构采用的主流。在进行建筑物外围护结构体系设计时，应该充分考虑到室内空间的温度调节与光线控制，同时还应注意渗透作用的影响。

慕尼黑Uptown高楼位于德国的巴伐利亚州首府慕尼黑，其地理位置靠近奥林匹克体育场。由于所在城市里的公共设施相当齐全，因此慕尼黑Uptown高楼设计最复杂的问题在于如何将其与城市的公共交通系统合理的融为一体。

建筑物的入口设计是其与城市公交通系统进行衔接的基础而又关键的部分。该塔楼的地下室与地铁站连为一体，而地铁站又与城市轨道交通网络、主干公交路线以及附近的城区环路相连。

具有标志意义的塔楼与其四座群楼同毗邻大学校园内宽阔的公共绿地相融合，已经成为校园景观美化不可分割的一部分。地下的3层作为停车场使用，因此在地上几乎看不到停放的车辆。这座38层的塔楼是目前巴伐利亚州已经竣工的最高建筑物，整个建筑物看起来相当纤细高耸。这座建筑物的每层外墙均安装了落地玻璃窗，因此其可以最大限度的利用自然采光。该塔楼的平面设计相当紧凑：周边均匀布置24个柱子，中部是方形的核心筒，整个建筑平面由内到外（或由外到内）共有3层构成。从建筑物的外观上看，其四个方位的每一个立面都是相同的，但是其内部结构组织却有统一的朝向方位，即南北方向。随着楼层的升高，核心筒逐步由内柱取代；在建筑物的最顶部，则将两层空间合并为一个楼层。该建筑结构的设计不仅最大限度地发挥了所使用材料的性能，而且充分地考虑了施工过程的简单易行等要求。从结构的角度看，建筑物内部的钢筋混凝土核心筒体主要提供建筑物所需求的抗侧刚度以抵抗风荷载的作用，其结构模型类似于固定在地面上的悬臂

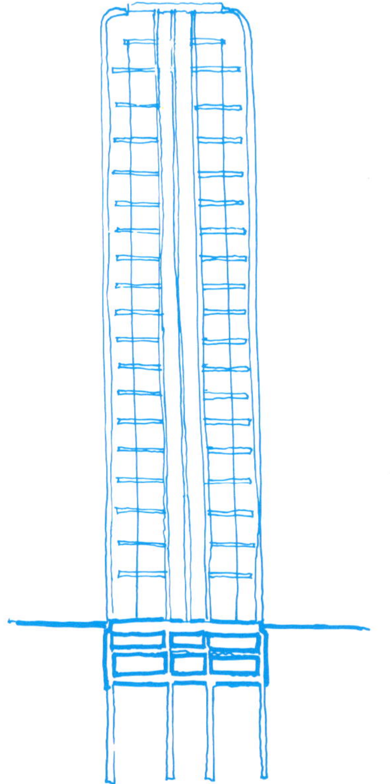

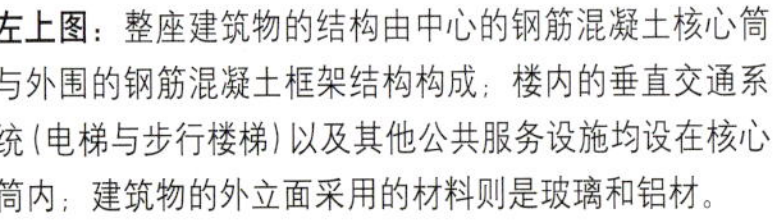

左上图：整座建筑物的结构由中心的钢筋混凝土核心筒与外围的钢筋混凝土框架结构构成；楼内的垂直交通系统（电梯与步行楼梯）以及其他公共服务设施均设在核心筒内；建筑物的外立面采用的材料则是玻璃和铝材。

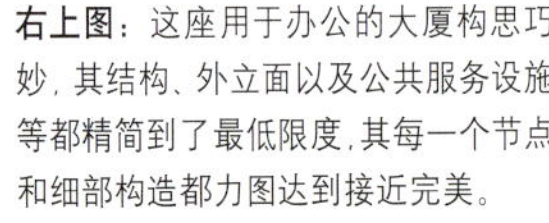

右上图：这座用于办公的大厦构思巧妙，其结构、外立面以及公共服务设施等都精简到了最低限度，其每一个节点和细部构造都力图达到接近完美。

右图：该大厦坐落在校园的办公区里，其周围均是较低矮的建筑物，因此该大厦的拔地而起对校园景观的美化起到了非常重要的作用。简洁是这座大厦最显著的特点。

O_2

构件。建筑物内的楼板在外侧边缘由外围柱支承，在内侧边缘则由核心筒壁支承。核心筒壁的施工采用滑移模板技术。为了减轻核心筒的自重，筒壁上设有肋条，浇注模板则采用了可重复使用的折叠式（即随着楼层的升高，金属脚手架可以迅速提升）。周边的预制钢柱采用圆形截面，其可以消除核心筒沿建筑物侧向的大部分挠度。周边的柱布置在楼板外边缘的内侧，这样便于在施工时将钢柱与模板很快地固定在一起。该建筑物的基础埋置得很深，地基则是地岩层。大深度的基础不仅使地下停车库所需的大空间使用要求得到满足，同时还使基础的做法趋于简单。该建筑物采用简单的钢筋混凝土筏基，基础厚度3.5m（11英尺），在由钢模板围成的挡土墙内浇灌而成。

由于在建筑物的转角处未设置承重构件，因此该建筑物的外部转角处（如立面转折处、檐口向屋面过渡处）皆采用圆弧过渡，这使得整个建筑立面看起来相当光滑流畅。光滑的外表面可以有效降低风压，使风吹过该建筑物时只在其表面滑过，而对内部的建筑结构产生较小的影响。同时，该建筑物针对外表面的上述处理手法还可以降低噪声水平，并避免倒灌风现象的发生。建筑物外立面由与楼层高度等高的大型外墙面板构成，大型墙面板通过可调托架与楼板边缘固定在一起，通过调整托架可以消除现浇混凝土楼板边缘与大型墙板之间的缝隙。为了保证建筑物的保温隔热性能，暴露在外的连接节点采用了双重密封措施。但是，一般的建筑物很难做到密闭透风。因此，流动的气流——风便会将建筑物内的一部分空气带走，这便导致建筑物的内部气压略小于外界的气压。而外墙空气隔层的设置则不仅能够平衡建筑物内部与外界的自然条件，同时还可以防止水汽倒灌入建筑物内部。暴露于外界的连接节点内部设有防水装置，其不仅可以保护节点，还保证节点能够发挥应有的作用。

外墙面上安装的双层玻璃具有良好的隔热性能，既可以在冬季防止室内热量的散失，也可以在夏季防止室内吸收过多的热量。镀膜玻璃制品的性能可以得到显著改善。一般来说，在寒冷的气候条件下，建筑物的单层玻璃立面具有以下特点，即单层玻璃的内表面温度比室内其他内表面更低，这种现象就有助于提高寒冷季节里窗户对室内通风所发挥的作用。如果建筑物的外立面采用的是双层玻璃，那么可以在外层玻璃的内表面镀上低辐射率的涂层（如金属薄膜或氧化物等），这种镀层允许短波射线通过（如太阳光），不允许长波射线通过，这样便可以在吸收太阳光线的同时防止室内较为温暖的空气散发出去；而内层玻璃则可以使室内保持较为舒适的温度；这样，这座建筑物的保温隔热性能将得以提高。当然，玻璃的反射性能还可以减少建筑物对热量的过量吸收，同时还可以减少眩光的产生。

该建筑物外观最有趣的特点其实是其通风装置的设计。圆形的下旋内开气窗沿着建筑物的外表面分散布置，不仅可以使建筑物内部实现接近自然通风的通风效果，同时还可以满足局部通风以及不同类型的通风要求。分体独立的通风装置安装在大块玻璃面板的中心，其边缘的密封装置比较简单。试验证明这种通风装置能够承受很大的压力，同时易于检查和维修。

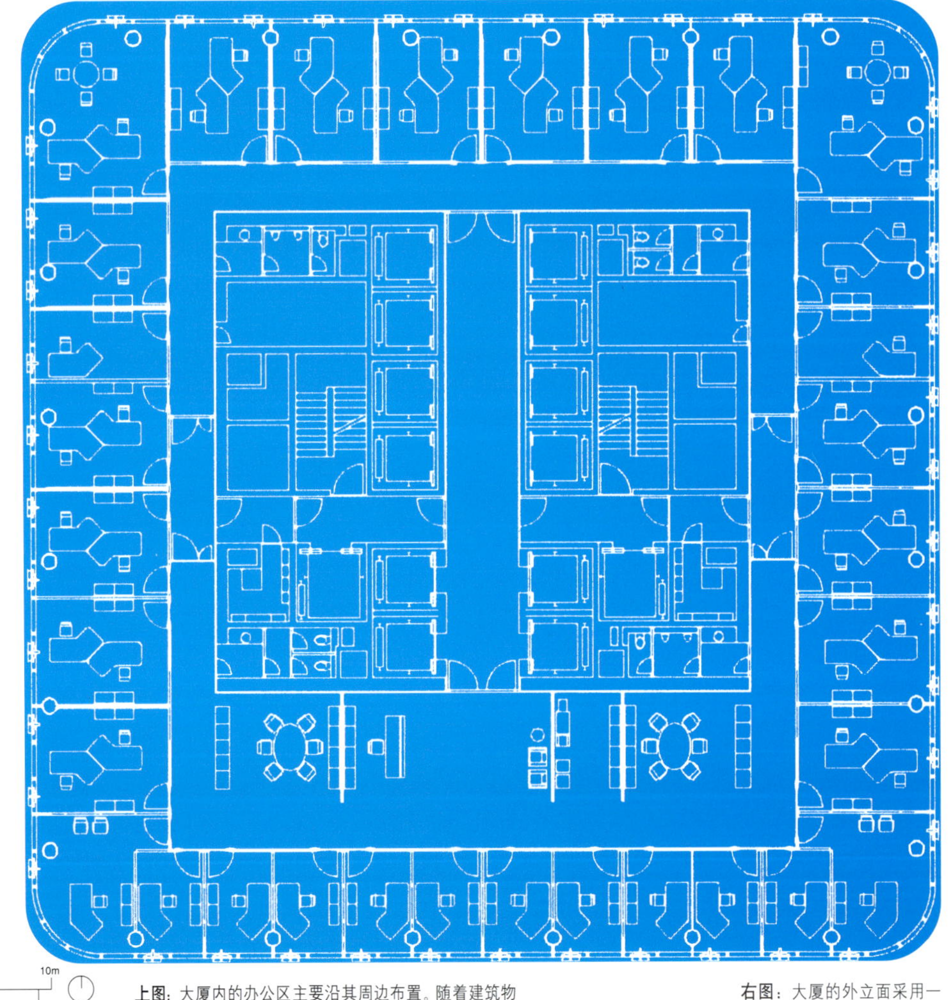

上图：大厦内的办公区主要沿其周边布置。随着建筑物楼层的升高，核心筒的作用越来越小。因此，在大厦的较高楼层内，其南侧可以提供更大的可使用面积。

右图：大厦的外立面采用一致的的玻璃立面。局部通风设备在玻璃立面上分散布置。

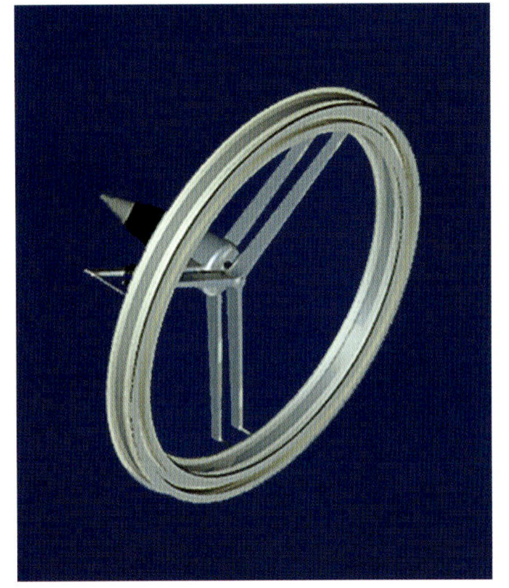

最上图： 局部通风设备能够自动对其周围的细微变化快速发应。

上图： 这些分体独立的通风设备易于安装和维修。同时，单个设备的失效亦不会影响到大厦整体的通风效果，通风口也比较容易调整。

右图： 大厦的基础采用刚性筏片基础，基础的形状与上部荷载在基础上的分布形式相一致。在基础开挖开始之前，首先要在地平标高处布置好基础墙。

伯吉瑟尔滑雪台

(Bergisel Ski Jump)

奥地利，因斯布鲁克，2002年
建 筑 师：扎哈·哈迪德建筑师事务所
(Zaha Hadid Architects)
结构工程师：简·韦尼克
(Jane Wernick)/
克里斯蒂安·阿斯泰
(Christian Aste)

在日益增长的奥林匹克运动潮流中，北欧人的滑雪跳板仍然是一道独特的风景。这种极端专业化的运动集中在一些国家里，而在这些国家里，对大山的挑战为它们带来了国际威望。

在1809年，提洛尔自由斗士安德烈亚斯·霍费尔(Andreas Hofer) 在因河谷(Inn Valley)的伯吉瑟尔山脉的斜坡上挡住了巴伐利亚人的侵略。随后那个遗址被当地人作为国内和国际比赛的场所，从因斯布鲁克可以很清楚地看到这个遗址。任何看过新年"4座大山"("Four Hills")锦标赛——现今该赛事对全世界转播的人，都会回想起从起跳点鸟瞰到的美丽城市、远处的Nordkete山，以及山下的维伦教堂(Willen Church)和公墓。

第一次的滑雪跳板运动可以追溯到1927年，但是人们把自然跳跃改进为滑雪跳台或是壁垒，这个仍然用奥地利语来表达的词汇包含着含蓄、冲突和坚韧的意味。在20世纪30年代，一个名叫霍斯特·帕瑟 (Horst Passer)的工程师设计了这样一个建筑：在加固的混凝土上建一座机能主义的现代建筑物。这座塔式建筑的入口处和斜坡跑道是从周围树木繁茂的斜坡抽象而来的。随着战争的发生，直到1949年才盖完这座大楼，同时在随后的几年里它也成了主要的运动中心，并且在1964年和1976年的冬季奥运会上作为"大山"使用。

随着运动标准的提高，国际锦标赛超过

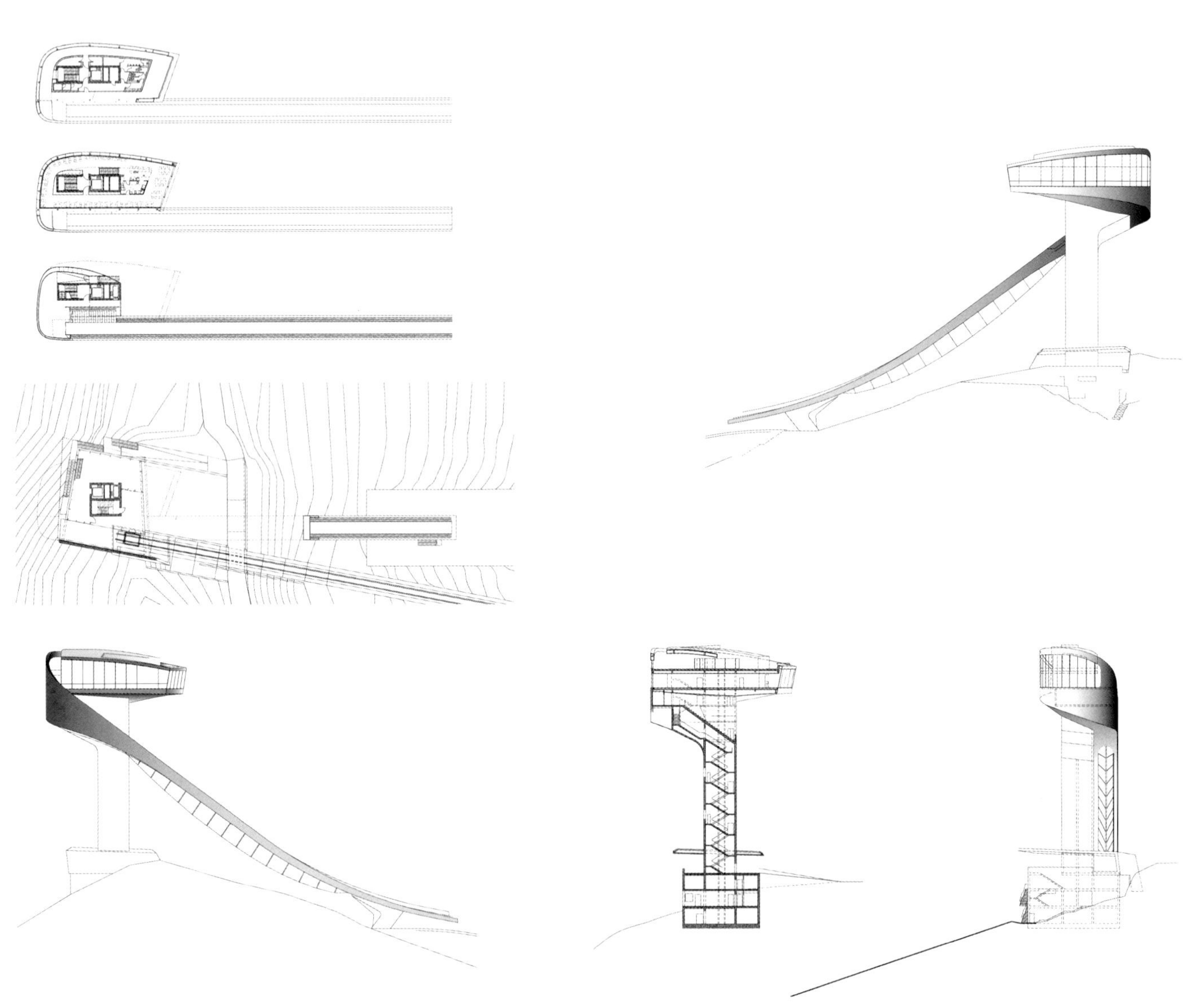

这个斜坡包括悬挂在塔楼和基础桥墩之间的桥。悬链线的缆索支持着轻质滑道板的重量，并使之具有美观的轮廓。

金属造的光滑坡面与塔阁骨架接为整体，轻型的上部结构由一个转换平台承受，转换平台由现浇的混凝土筒体支撑。

了老式的跳板运动。作为因斯布鲁克奥林匹克竞技台的大型整修工程的一部分，有必要建造一个可以将银行营业厅、咖啡馆和观赏阳台包括进去的奥林匹克竞技工程。中标方案是一座建筑纪念碑，它清晰的反映了这项运动的动态美感。建筑师声称该设计的目的就是要"加强美化风景"，把各种不同的功能结合到一个简单的形状中去，"把斜面的布局延伸到天空中去"，从而体现在该城市地平线上建立一个里程碑式的建筑的设计观念。

这个带有后现代主义感的设计取代了帕瑟的运动装置，增加了结构设计的张力，把建筑的入口、观察围栏、餐馆等部分与像桥一样的用于跳跃运动的部分分隔开来。斜坡承受的荷载很小，一般使用时上面通常只有一位运动员，这使得抛物线状的它仿佛一条对着地平线的细悬吊带，悬挂在主体建筑上。跳跃轨道并非理想的结构曲线，所以工程师在其下加入三角形结构，以增加金属跳板的水平和竖向刚度。跑面两边起保护作用的女儿墙会承受较大的风荷载，因此与女儿墙相连的底板下支撑便会承受较大的力。相对来说，这个结构柔韧性较强，因此其变形与振动的限制没有那么严格。毕竟，在风大的时候没有人会去跑面上待着。

跳板的尾部牢固地连接在钢筋混凝土桥墩上，主体建筑和矮桥墩之间显得不那么和谐。主体建筑底部向前倾斜了一定的角度形成一个往外的延伸带，可以抵御由斜坡附件带来的侧面

滑雪斜坡上部在外测环绕着塔楼。这个斜坡相当轻便灵活。

荷载，整个结构形式看起来非常美。轨道上端尾部延伸成一个环绕的形状，与悬臂的主体建筑融为一体。总而言之，尽管整体结构似乎有些不符合逻辑，当时该建筑形式强烈地表现了源自运动竞争的美感。

主体建筑采用钢筋混凝土结构，施工采用滑移模板技术。钢筋可以使优质混凝土在很恶劣的环境下还可以继续充分发挥其性能。混凝土也存在侵蚀、风化等问题，就好比人造的石头一样，最终其可能在严寒的条件下变成碎片。因此，避免建筑物的表面碰到水非常重要，从帕瑟时代开始，关于这方面的处理方法大同小异。为了防止"水滴"被风吹到楼板下面去，工程师把"蝰蛇的头"式的建筑用金属材料以及光滑的幕墙封包起来。下雨时，雨水会撞击建筑物的外表面。在金属和混凝土之间的孔隙里的空气压力与外界气压一致，因此雨水不会汇集到裂口处。

沿着索道设有两部升降机，可以把滑雪运动员和观光者带到山上去。主体建筑的基础深深埋至大山深处。建筑的底座和其上平台比较搭配。基础开挖后留下的空间可以避免山脉因为建筑物的负荷而引起塌方。

这个建筑物的照明设计比较巧妙。分散安装的小投光灯隐藏在扶手下面，这样就可以反射所有的可见光，同时减小对比度，避免给远处造成光污染，这样才不会坏了这个高耸在因斯布鲁克的新地标建筑的名声。

金属覆层将上部结构和斜坡整体覆盖。这个覆层可以保护所覆盖的部分不受风雪的侵袭。

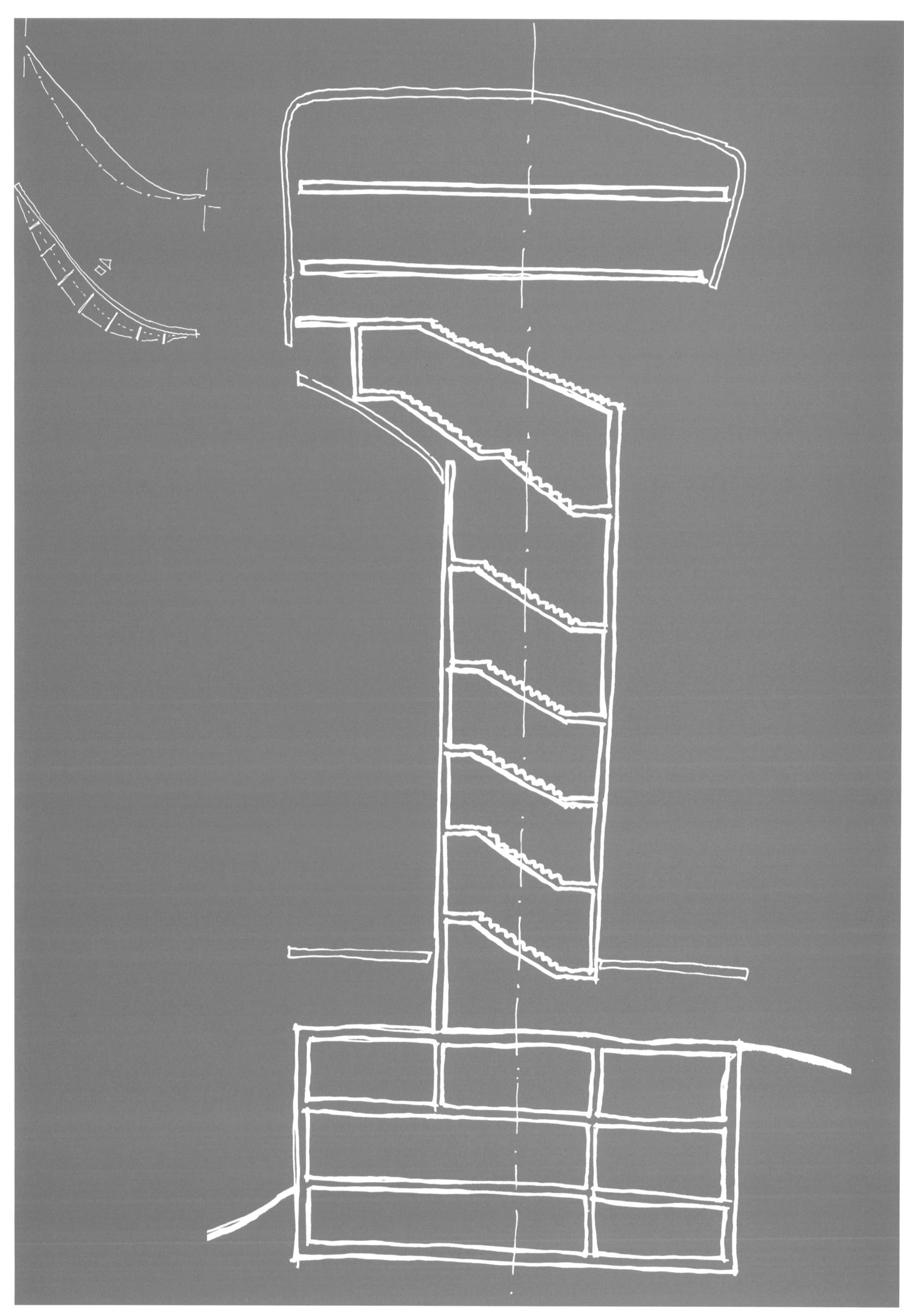

基础结构的形式可以使由于斜坡的存在而产生的地基反力达到最小。不同的曲率的跑道和悬链线构成了简单的索桁架。

观光平台结构由中性的玻璃(neutral skin of glass)和金属覆层包裹。巨大的竖框可以抵抗得住巨大的风荷载。

双塔

(Twin Towers)

奥地利，维也纳，2001年
建　筑　师：马西米里亚诺·富克萨斯
(Massimiliano Fuksas)
结构工程师：Thumberger +Kressmeier 事务所
(Büro Thumberger+kressmeier)

从第二次世界大战结束之后维也纳人口稀少，但是现在人口增长的特别快。随着欧洲联盟人口流入问题的出现，从旧的奥匈帝国属地直至东方人涌入维也纳，影响了那里的人口数量。坐落于城市南部郊区工人居住区的边缘、位于维也纳森林绿化带的Wienerberger双塔，是解决上述一系列敏感问题的具体体现。

该方案以简洁的组织形式来布局办公区、购物中心，以及塔楼融入周围环境的巨大底部。巨大的使用区被分为了两个塔楼，同样的外形，树立在一个街区那么大的墩座墙上。在两个塔形建筑物之间插入了一条通路，从而在它们之间形成了独特的关系。两个建筑物由专用桥互相连接，从西部的楼端连到东部的楼中间。

办公塔楼的覆层比较简单：很高的覆层包括一层薄薄的双层玻璃，在外层板的内表面涂上涂料，这样可以反射太阳的热量的增加或是闪耀。在这里我们可以使城市的白昼、街景和周围的山景的视觉效果达到最佳化。当观察者向外面看的时候，可以看到每个塔楼高耸的墙面。当我们倾斜一定的角度看塔楼时，可以看到周围的环境和天空和建筑物的外表面交织在一起。由于两个建筑物之间存在着一定的角度，所以无论从那个方位看都是其中一个半透明的，另外一个是透明的。在反射光的作用下我们可以看到第三个虚的塔楼。

该设计小心地处理好了比例和一些细节问题。楼正面的外墙板基本符合整个大

上图：这个建筑被认为是接近自然的人工品。裙房内的结构和它周围的环境不太一样。

右图：体形相似，结构均采用框架形式，两个塔楼由联桥连接起来。这要求每个塔在风的作用下都可以独立地摇动。

Holiday Inn
P3
KINO BÜRO

楼构成一个完整街区的主题。中间节点把竖框和横梁齐平。每一个窗格和玻璃都是在工厂造好的性能良好的铝合窗，这就是所谓的结构玻璃窗，玻璃窗上的玻璃完全粘贴就位于硅珠缘（silicon bead）上而不是机械的用东西扣紧。大楼没有设置任何形式的檐口，包络层沿着建筑物的屋顶一直到墙端连续分布。两个垂直的塔楼和墩座墙的屋顶相连接，可以加速使雨水从这个光滑密封的系统里溢出。设计者没有让空调和冷却塔来充斥墩座墙的屋顶，而是保持了屋顶的整洁。支撑的模式使两个塔形建筑物之间因温度和风力改变引起的运动达到最小化。塔楼的联桥在其下部采用了滑动连接和滑动轴承构成简支。

与建筑的外部设计相比较而言，建筑的内部设计变化显著。在西面的塔楼里，电梯、楼梯筒和升降梯以及主要的支撑单元都沿着纵向布置，以适应格子式的办公区平面设计。在东面的塔楼里，垂直交通安排在横向的两侧，平面设计既可以适应细胞式也可以适应开敞式的“办公风景”。

对于两个塔形建筑来说结构排列都是很普通的：简单的34层的钢筋混凝土结构。圆形的柱支撑着大部分竖向荷载，柱子的上端与非常薄的楼板层连接在一起。承担玻璃窗重量的那些梁的位置稍微后移，这样可以避免破坏建筑物的立面。

在建筑物的基础上使用了倾斜的几何结构，它始终加强“城市风景”的感觉——结合自然加入一定的技巧进行设计的观念。按照惯例，在塔楼和墩座墙的连接处，在彼此的垂直和水平单元之间加入一定的转换结构，可以将塔楼空间的垂直荷载引导到建筑下层。在这个工程中，这个塔楼的柱子以及沿柱子两侧设置的礼堂可以安排输导人流和休息空间。来自拱廊处采光屋的视线可以看到上面所提到一切。建筑师利用了这些中间的空间以及它们渗透出去的影响，我们可以用这样的一些疑问来描述

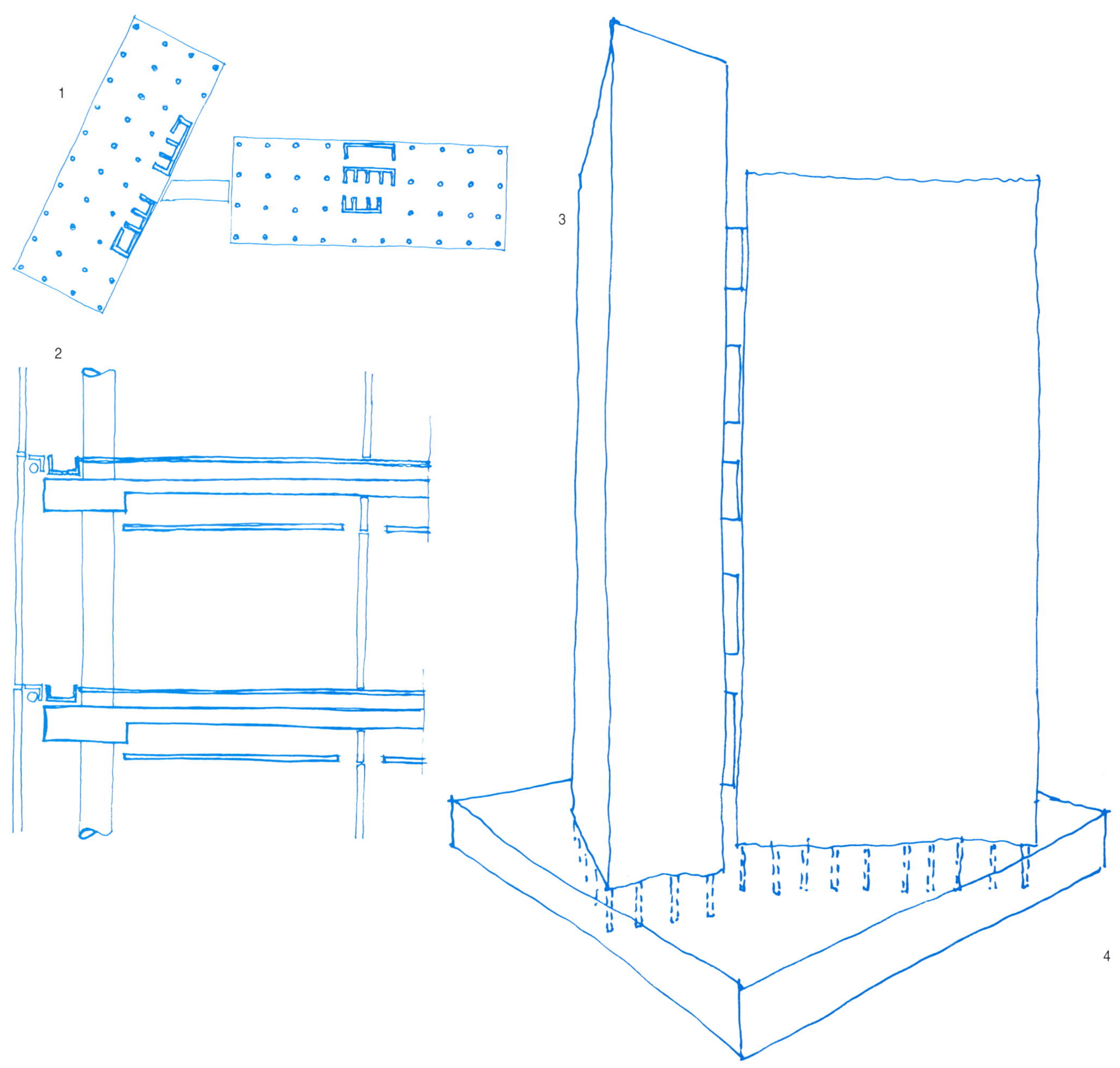

左图： 塔楼和窗格按一定的比例仔细的结合在一起。在安装棱镜的时候，巧妙地处理好了反射和透明度的问题。

1.为了减少联桥连接处的运动，要合理安排两个塔楼的核心筒，使平行于联桥轴方向的塔楼刚度达到最大。

2.对建筑物的外装修要求在视觉上挡住板的边缘，与百叶窗匣和供暖设备组合，减少实体墙面。

3.双塔楼的荷载支撑元素通过裙房的水平顶面，没有昂贵的转换结构介入，重新调整了结构的模式。

4.底部，穿过塔楼的柱群自上而下林立于两个交会的方格中，底层的使用空间就被布局在这些柱群周围。

该建筑物和它与周围城市的关系：它们之间到底产生了什么？

设计又回归了考虑经济性这一美德：结构，覆层以及构造都比较传统，达到它们合理的极限。作为Wienerberger建筑材料公司的总部，这个工程旨在证明现有建筑材料的后续潜质。

一般来说，钢筋混凝土结构水泥硬化要比钢框架结构的建造速度来得慢。化学家已经发明了一些新的配料，它们可以使之快速硬化，并且也大大的增加了强度，但是要达到一定的刚度却需要花更长的时间。施工中使用了一种叫做“后支护”(back propping)的技术，以相当的速度来完成这个建筑物。即把临时支架长时间留在新建的结构框架里，以便提高楼层建造速度。框架结构的侧向刚度比较低，需要用支撑临时支护在框架里面直到它可以有足够的强度来支撑它自己的重量，有足够的刚度可以抵制得住风荷载。

在这个建筑物里，采用完全成熟的结构形式、装饰和服务设施，这一切组合构成了这样一个建筑系统：设计者声称捕捉到了“转变、连接和透明——因为这个城市充满能量和张力。”

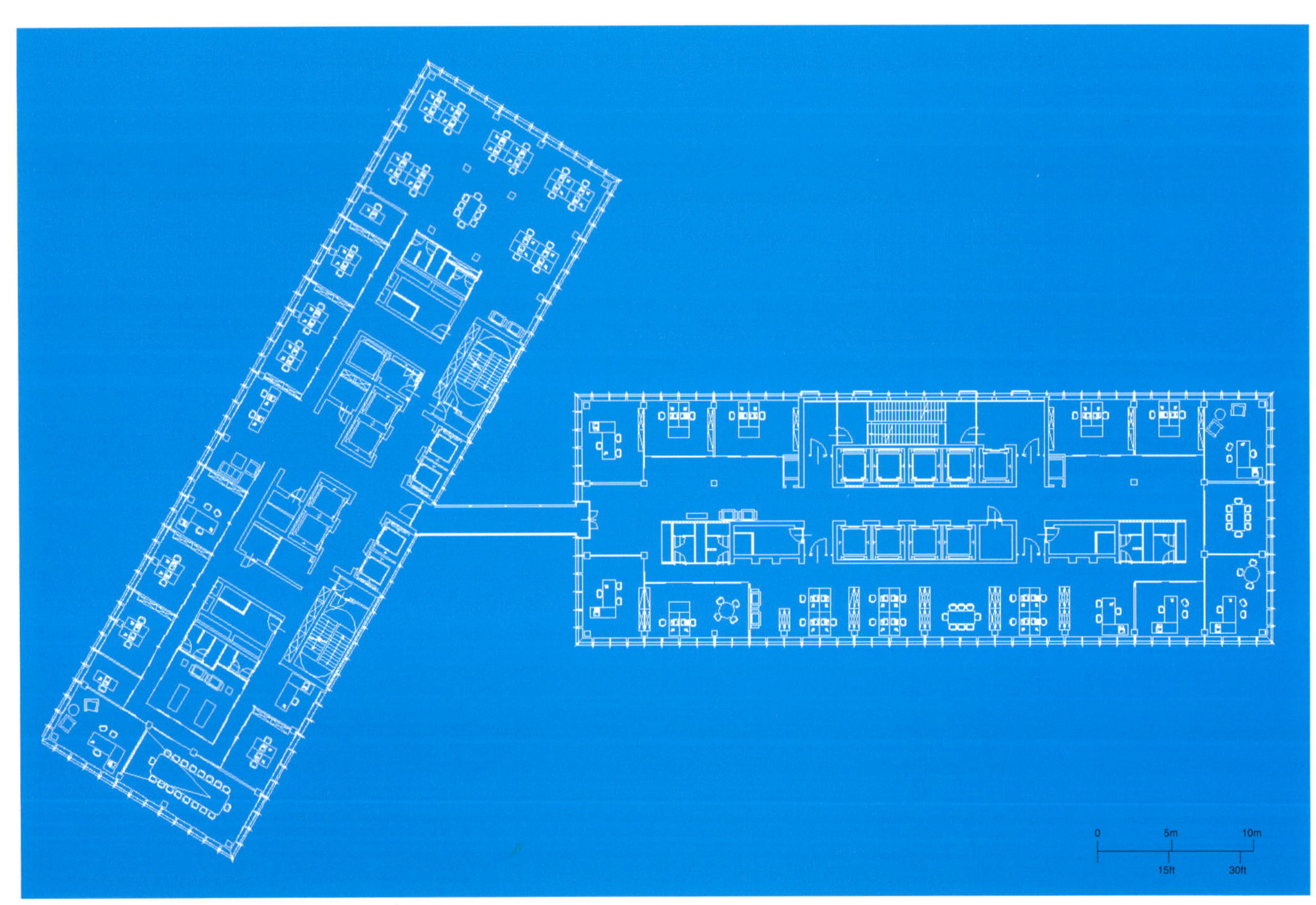

上图：两个塔楼采用共同的框架模式，但是侧向支撑的布置有所不同。升降梯和楼梯井筒所占的是采光较差的结构空间。

右图：要适当的减少光亮，这样晚上的时候不会造成过多的光污染，墙面之间的交互作用使得光源变得多样化，从而打破了体积和外形的原有面貌。

XEROX
Coca-Cola

蒙特维德奥大楼

(Montevideo)

荷兰，鹿特丹，2005年
建　筑　师：梅卡诺建筑事务所
(Mecanoo Architecten)
结构工程师：ABT

欧洲人对于在高层建筑中生活和工作总是怀有一种好坏参半的情感。巴黎已经把它的那些塔楼都搬出Peripherique环形路之外，而伦敦也仅仅刚开放了让摩天大楼发展的闸门。在鹿特丹（荷兰西南部港市），设计师们尝试着建造一座有特色的高楼，用它代表出欧洲人的热情和敏感。

蒙特维德奥大楼有不少多功能的，复杂的住宅空间，那里面有办公室，商店，以及一些健身和运动的设施。做为所谓“生活方式概念（lifestyle concept）”的标志部分，它以完全自成一体的环境赢得市场，可以一条龙提供生活、工作和夜生活服务。建筑物所处的位置是鹿特丹重建区的繁华地段（Maasstad），这里也是鹿特丹港口区（Kop van Suid）——马斯河入海口（Mass Estuary）的一个岛屿——的尽头。从这里可以望到大海，回过头来则可见城市风景及著名的埃拉斯穆斯桥（Erasmusbrug）环视四周则是欧洲最大港区莱茵河口岸（Rijinhaven）。该建筑物的名字取之于一个旧仓库的名字，很久以前曾经是一个码头，用来接收来自乌拉圭首都的货物。

梅卡诺建筑事务所的设计师弗朗辛·霍本（Francine Houben）把她的设计定位于激发对比感、整体感和复杂感。这个观点雄心勃勃地试图创造出一个形式丰富的多样化空间以满足都市化生活。建筑物地处海洋和陆地之间，因而对这个独特位置的两重性和无限潜质是大有文章可做的。建筑形式——塔楼和裙房——处理成若干连在一起的整体，各部分相互穿透相互环绕并且形成一个平衡的组合。这个划分反应出了各种各样住宅类型的比例。在建筑物的重要部分，阁楼单元具有较高的天花板，“水景公寓”——悬臂挑出在河流上方的部分住宅，可以看到沿着河流上游的风景。在楼的西面，这个塔楼还带有一个低的小楼，称之为“城市公寓”，是按照惯例设计的住宅；该楼的最高的15层，带有可以看到外面风景的凉亭和变化的屏风，称之为“空中公寓”。带有圆锥形屋顶的纽约风格的水塔所强调的是：要把建筑物表现成变化多端的形式，而不是一个一成不变的整体。

这套高级公寓是钢框架结构，这样可以提供开放式的住宅空间和全景式的窗户。

建筑外观的多样性反应出了住宅内部结构的多样性。旧式的水塔和用铁链包围起来的屋顶让人们回忆起传统的城市生活。

蒙特维德奥大楼

这个设计得很合理的结构很好的反应出了设计的多样性。该塔楼的底下27层是由钢筋混凝土横墙和楼板组成的，荷兰人认为这种形式的建筑提供了便宜的居住公寓。在地面以上的高度用钢脚手架支撑着这部分结构，然后在上面建一些多层的钢框架结构，这样可以减少重量，也可以在高层处以更大的开间处理隔墙。塔楼的其他部分是混凝土框架结构，如果必要的话可以在各个部位加入一些钢部件，获得更开阔的空间或者建造悬挑单元。整个结构都建造在一个钢板桩基础上，钢板桩所围的范围回填。建造地点位于河流入海口处的软冲击层上，整个建筑物的重量是用700根桩来支撑的。

该住宅的销售口号是："为生活而打扮"。因此建筑物的立面都覆了饰面以期得到未来客户的喜爱。普通公寓都采用棕色的砌筑墙以及抗冲击的玻璃。其他的部分都是用光滑的金属覆层包裹起来。阁楼开敞的一面都安上了巨大的玻璃，这样当打开窗户的时候，就可以很清楚地向外面展示室内。所有的公寓都安装上了自动控制的功能，用一套电脑控制的系统来控制供暖、照明和百叶窗；所以虽然增加了窗户的面积，我们依然可以不用去考虑舒适和能量的消耗问题。在建造大楼的过程中，编制了一个非常专业的施工计划。预制钢框架和外围护板系统以非常快的速度装配起来，在进行混凝土部分施工的过程中也发挥了许多创造性。在建造塔楼的横墙时，使用了提升模板（jacked form),这道工序极大地领先于楼板的施工，这一切都充满积极进取的精神，一层楼高的预制混凝土墙板前后围成公寓空间，这样可以节约时间，尽早完工。

不论是其大小尺寸，还是经过细心处理的建筑物的体积与表面，这一切都使得蒙特维德奥大楼成为好的居住场所、好的邻居。建筑物上巨大的M字母确保人们都会去注意这个高层建筑的试验品。

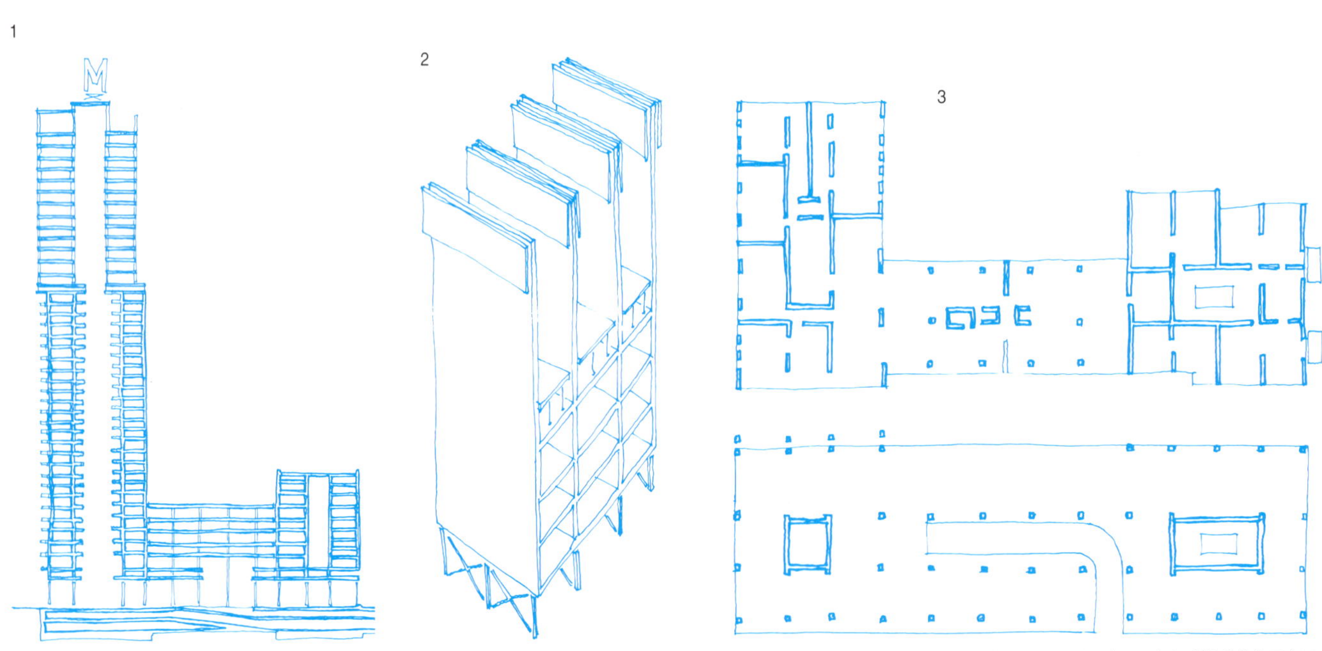

1."空中公寓"由钢框架构成，坐落在由钢筋混凝土横墙建造的"城市公寓"上面，成为高效的、坚实的塔楼。

2.先于楼板现浇横墙可以节约建造时间。在承受荷载之前，垂直单元的混凝土有足够的硬化时间。

3.塔楼楼板的布局和相邻的公寓区一起组成简单的柱网布置，与停车场的基础连为一体。这样就可以不用昂贵的转换结构。

上层的通透式框架用幕墙来予以强调。下层的重型外墙可以根据内部生活空间的要求开设不同尺寸和形状的窗户。

基础的防水箱形结构建在马斯河边的一个旧码头上。这样可以防止由于上层建筑的重量所带来的周围地下水位的抬升。

旋转大楼

(Turning Torso)

瑞典，马尔默，2005年
建　筑　师：圣地亚哥·卡拉特拉瓦
(Santiago Calatrava)
结构工程师：圣地亚哥·卡拉特拉瓦股份有限公司

哥本哈根—马尔默连接着斯堪的纳维亚半岛国家丹麦和瑞典，穿过一个海峡进入欧尔松（Oresund）地区。该城市圈在可持续城市化进程中融汇了许多重大创新。丹麦首都的供电都是由Mittlegrund海上风工厂提供的，横跨海峡的大桥设计之后对周围的风环境没有什么影响，即便是非常靠近的环境。在马尔默的西部海港地区，一块由多余的造船厂遗留下来的污染的土地上，树立着瑞典最大的住宅塔楼。

由于地理位置离市中心只有几步之远，而且附近是Ribersborg海滩，所以这个住宅区具有双重性：两个底层的立方块体是办公室，上面7个立方块体内设有152个单元住宅。每个单元里都会有客人套房，公共功能的房间还有一个酒窖。扭曲的形状产生了变化多端的楼层外貌，具有自由形状的立面带有倾斜的窗户。按照这种设计方式，整体的形式是主要考虑的对象，平面细部次之。

塔楼的结构结合了设计者基本的审美观，考虑了环境设计的因素。人们认为该建筑是这个建筑师精雕细刻的试验模型。卡拉塔瓦已经发表了许多关于对雕塑研究的文章：几何形状的平衡支点。他自己的个人风格在设计中也有体现，这主要包括：早上进行生活绘画，下午从事设计工作；他把自己对神人同性论的潜在兴趣也都加入到这个工程里。该工程有9个住宅块区，每个都有5层，沿着圆形的核心以螺旋形的形状排列上升，在30层处扭转了90°。为适应这个变形，电梯和窗户都产

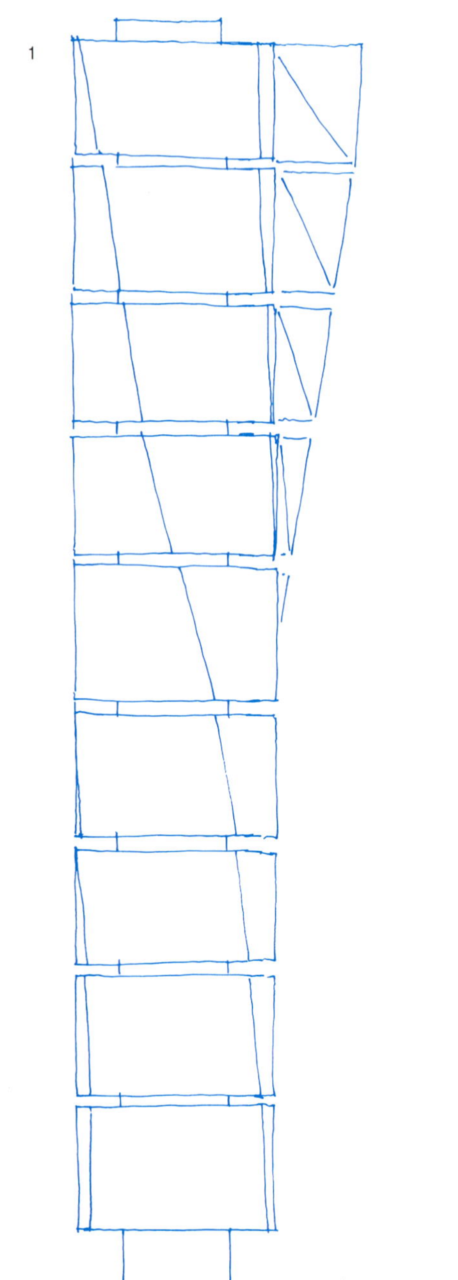

1.这个塔楼被垂直的分成一个扭曲的立方体，从底到顶扭转90°。还用一根脊柱束缚平衡质量。

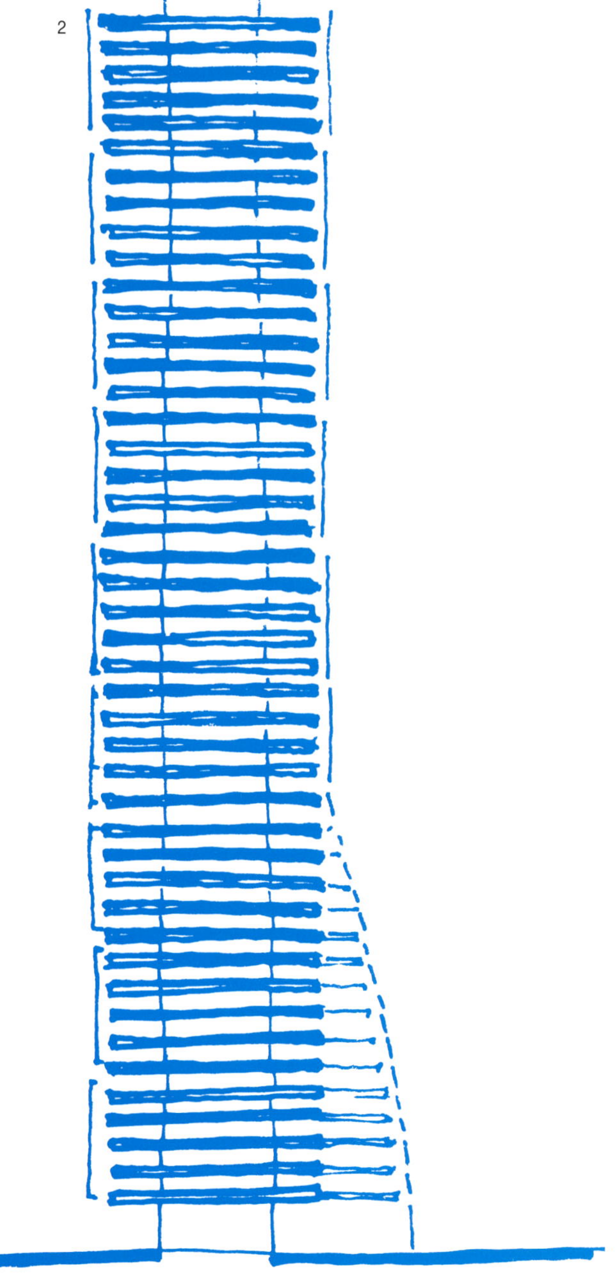

2.在建筑内部，结构由许多支撑在中央核心的楼面板组成。三角形的延伸部分在背部的角落处用支撑支护。

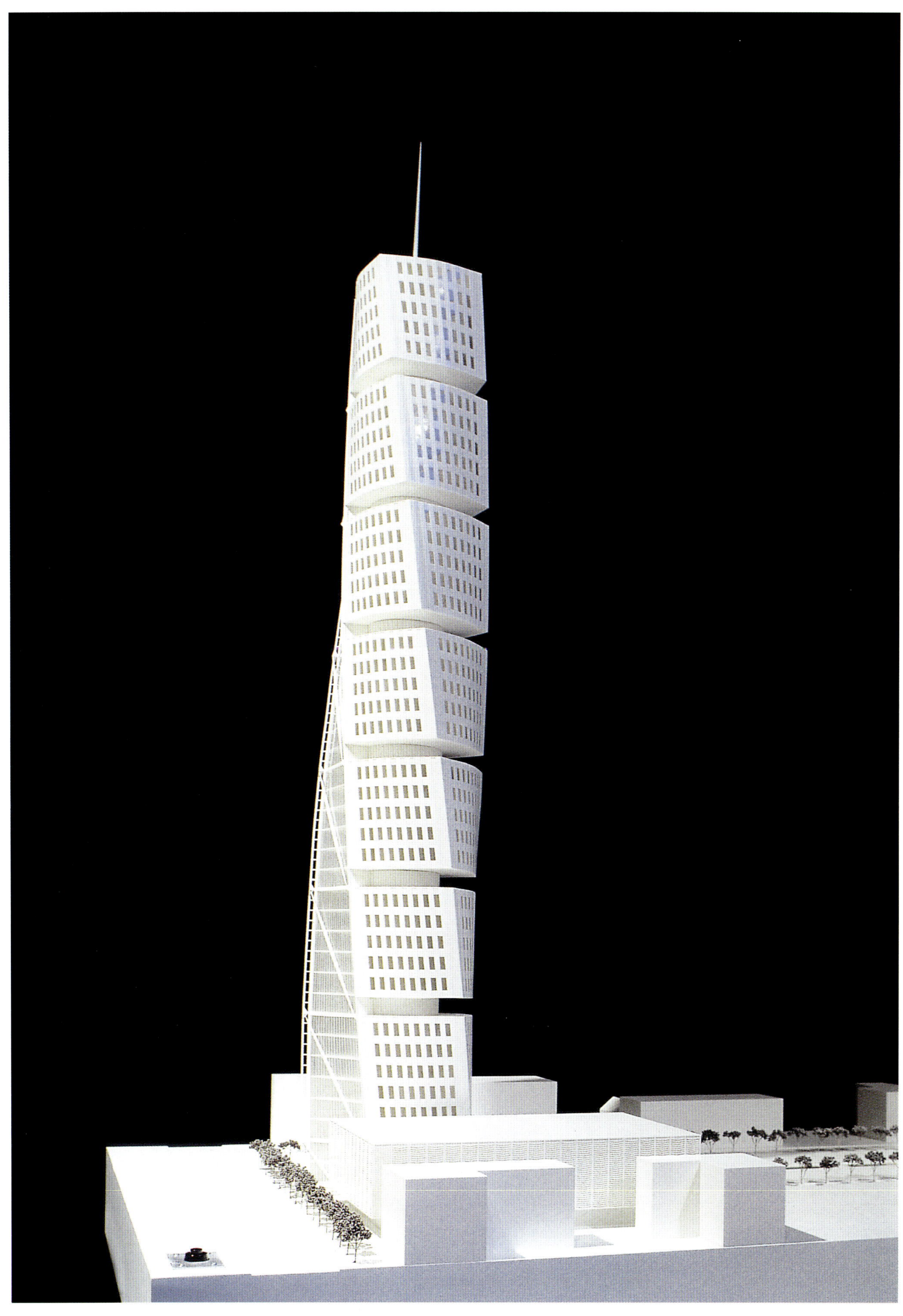

建筑物的分块表达都是用覆层来完成的。每层都在混凝土板边缘局部支撑，因此可以在任何位置开分块缺口。

生了一定的变形。平面上，将每个楼块(block)的矩形投影进行变换，给人用支撑的脊柱来平衡巨大的立方体的印象。这几乎是对古典主义——特别是它的变体风格主义人体绘画的精确诠释，风格主义者把人体处理为扭曲、楔形体和连接(locking)的组合。在该项目的展示中就用到了一幅传统的侧仰人体水彩写生画。

然而，结构是混合式的——一点也看不出来它像什么。混凝土圆形核心区用来安放电梯和垂直井。悬臂楼板各自独立出挑，以便能够形成"扭转"而不会产生额外的巨大的荷载模式。事实上，该楼三角形的脊背是整个塔楼的附属部分，如果没有这个脊背建筑物就会下垂。在最低处的箱基上的三角形支撑会把荷载从脊骨背面转移到建筑中心去。

每个独立的箱基上的覆层的设计都不一样。

该大楼的绿色认证是优异的。没有使用什么有毒的产品。充分发扬了再利用和废物处理机制，用沼气来生产城市公交系统所用的燃气。

其实这个建筑物的真正让人感兴趣之处在于这样一个问题：它不是什么？作为瑞典最高的楼，它位于南部的工业中心地

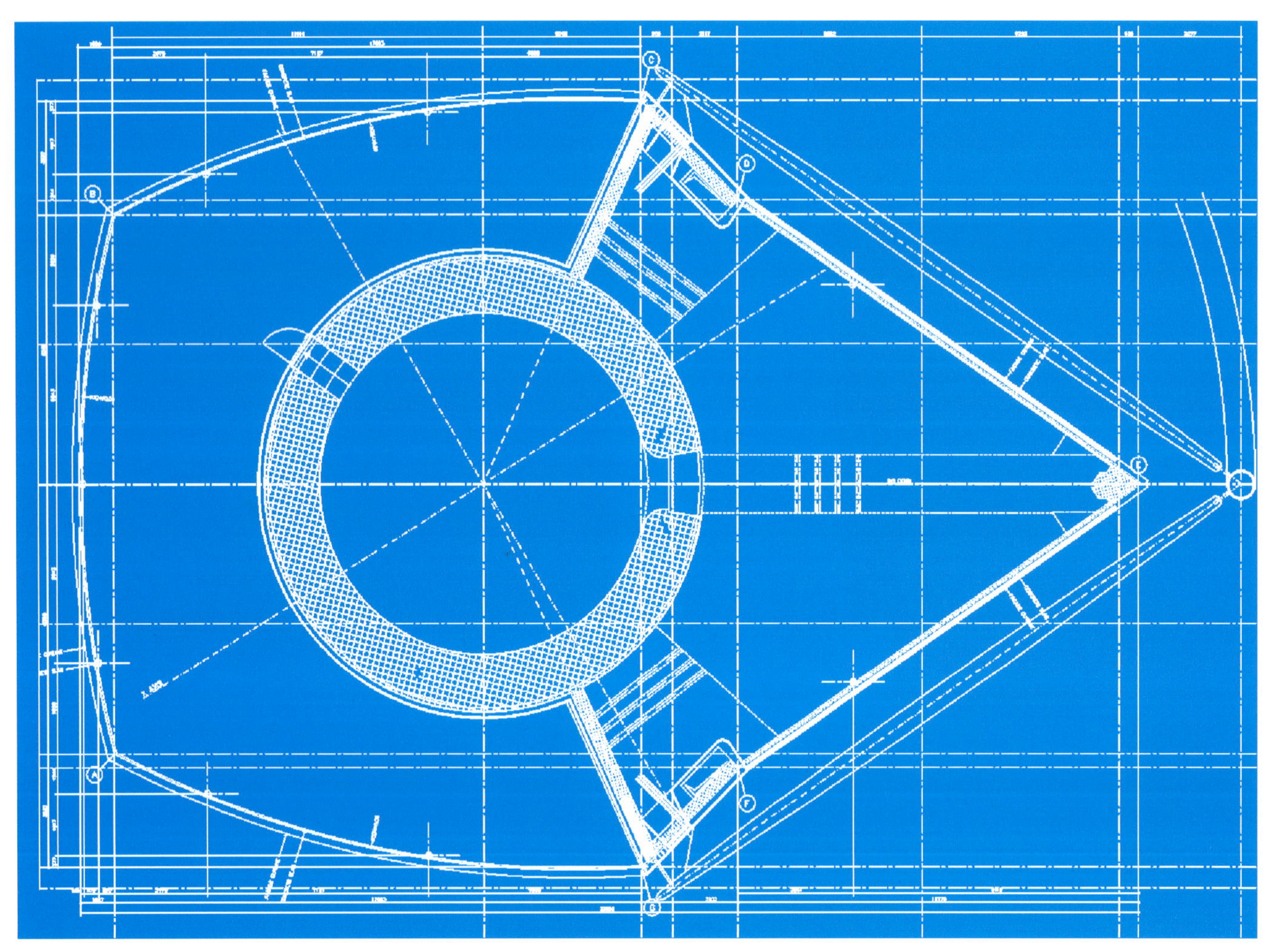

钢筋混凝土的支撑内核可以使自由形式的平台在任意层高度处转动一个角度，而结构的平面细节却不会发生变化。背部断面从外面用桁架装饰。

带，以前这个中心地带给国家创造了巨大的财富，现在这个工程消耗了该地区大部分的重建基金，我们仍然要等待观察它是否可以证明自己的价值。盖这个建筑代价不菲，而它也没有完全采用设计者所提出的所有创新点。马尔默造船的传统——生产大型的可组合式的预制配件，始于第二次世界大战，然后由北海（North Sea）勘探公司发展起来——足以提供真正的箱式结构。它们的重量应该足以平衡箱式结构所受的风力作用，箱式结构由钢筋束来约束，并通过建筑物轴的偏移所产生的回复力来保持结构的平衡。结构的节点会成为真正的力的交点，引导并表达出结构的力学特性，而不是在建筑包装方面起些装饰作用。

塔楼的外形没有形成一个封闭的结构组合，这个不闭合结构代表了一个新的不稳定性，但正是这种不稳定组成了我们对高层建筑的理解。建筑的建造是一次性的，但是不排除在已建成的建筑物里加入相关的结构和附属物的可能。

也许马尔默塔楼最终会成为未来可拆除式住宅系统的先驱。许多新的建筑物在循环利用方面设计得很浅薄，只是简单地采用可以再利用的材料，或者略微更进一步：采用装配式部件。但是，对整个建筑物进行重新利用、封闭建筑环境和对各种节能可能性进行重新定位，这些措施会真正减少能源的消耗。

这个工程试验的另外一个结果也许就是重新配置体系结构技术的发展。设计师圣地亚哥·卡拉特拉瓦的设计已经被证明是美学的进步，这一切由重新组成的静态的和动态的手段来实现。安装上液压传感器和强有力的控制系统，转体大楼构想成为了一个向日葵式的塔楼，跟踪光线或对四个方向的风做出反应。

覆层被嵌镶，固定在围栏（classis rail）上，这样可以使板缝在有翘曲面的情况下获得尽可能好的密封。

用整齐排列、被开成平行四边形状的窗户来强调大块扭曲的实心砌体，建筑物的顶部覆盖着一层光滑的幕墙。

旋转大楼

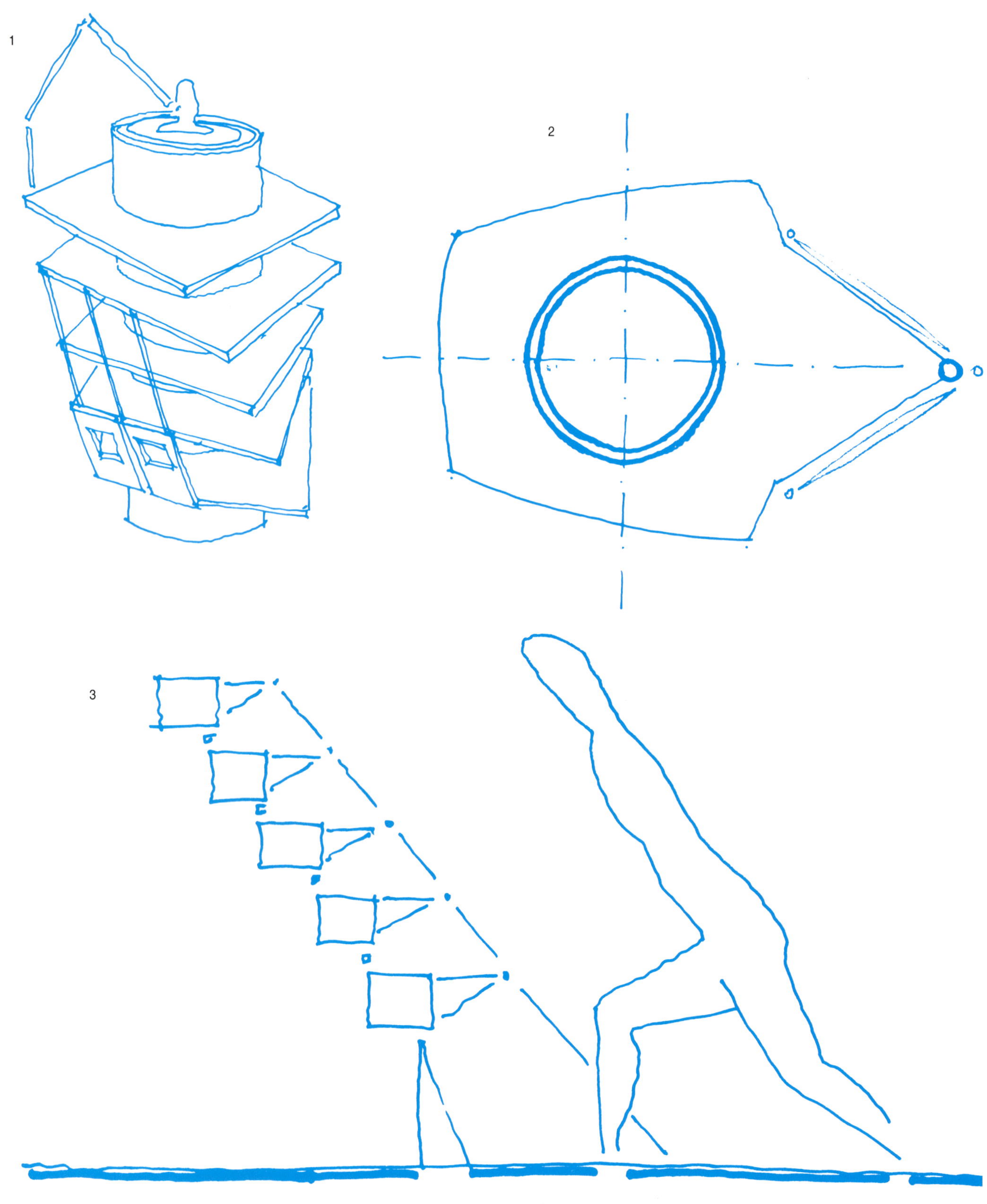

1.钢筋混凝土结构浇注过程中通过位于中心核心的升降梯运输。安放在中央的一台混凝土泵把混凝土材料均匀地分撒在平台上各处。

2.包围着圆形核心的有角的外围，提供了各种各样的以待按客户要求规划的空间。通过外墙处理很好的解决了建筑的立面分块问题。

3.建筑师的规划书里记录了该建筑形式的神人同性论的起源。古典的图像和结构雕塑的观念同时存在。

一个由立方块堆积叠加在支点上构成的雕塑艺术品。人们努力尝试着把装配的平衡和高雅所带来的魅力转换成全尺寸的塔楼。

斯特拉托斯费尔塔

(又译:云霄塔 Stratosphere Tower)

美国，拉斯韦加斯，1996年
建　筑　师：加里・威尔逊
(Gary Wilson)
结构工程师：布伦特・赖特
(Brenr Wrighr)

在Andrea Dusl的论文《七座塔楼》——一篇对历史性的建筑形式进行调查的论文里，她用奥地利奥斯湖（Aussee Lake）边的Salt Tower来诠释所谓异域格调。在1492年哥伦布发现西印度群岛的前3年，沿着古老的食盐之路（它位于古代罗马的行省—欧洲东南部的潘诺尼亚），人们发现一座古罗马了望塔的深基础。中世纪的百万富翁汉斯・赫茨海默（Hans Hertzheimer）的资产都是靠贩卖食盐积累起来的，他提出了一个不切实际的设计打算要重新修建这个塔楼：新塔楼将有150m（490英尺）高，并打算在塔尖顶上安一个开普勒时钟。在健康和财富双双破产之后，他死了。在1532年他把工程典当给了富格尔（Fugger）银行业

拉斯维加斯的夜景。由于受附近的飞机场的影响，它的建筑高度受到了限制，这样斯特拉托斯费尔塔的高度就不会超过它附近建筑物的高度。

家族。这时建筑物已经盖了7m（23英尺）高。

这个塔楼成为荒唐事已经有很久远的历史了。在拉斯韦加斯，梦想就是商品，建筑可以得到极端的展现。沿着它的框格状的街道，旅游者可以看到一座埃菲尔塔、一座伦敦桥和一座凡尔赛宫殿。斯特拉托斯费尔酒店（Stratosphere Casino Hotel）则打算模仿多伦多的CN塔楼盖一个标志性的建筑，多伦多的CN塔楼是一个抛物流线形的建筑，建筑物里安装有观察平台，且在建筑物的顶部有发射平台，CN塔高553m（1800英尺）。由于拉斯韦加斯附近的Middleton机场保证飞行安全的要求，当地部门禁止新建的建筑物的高度超过限制，因此斯特拉托斯费尔塔没能远远超过它附近的建筑物的高度，也就是在大约350m（1200英尺）这一高度，但是却高出埃菲尔铁塔，据声称是密西西比以西最高的塔楼。这个关于高度的宣言忽视了附近的BREN塔的高度，BREN塔在1962年盖在内华达州原子弹爆炸试验基地（Jackass Flats），用来做航空放射的试验（拉斯韦加斯的空气就不可避免的变坏了）。

斯特拉托斯费尔塔

斯特拉托斯费尔塔严格的遵循着那些控制着多伦多CN塔楼的设计思想的准则。由三根撑墙组成的混凝土支柱支撑着圆形的平台，这个平台是钢结构的。它抛物线形的轮廓，让人回忆起树的树干，反应出了独立塔楼的理想化的形式。这个塔楼可以积极抵御住小震作用，有效地抵抗住大风。它的逐渐狭窄的柱身可以使4个双层结构的电梯快速的沿着中轴线上升，然后柱身再次加大，支撑着一个由12层楼组成的空中仓室。我们用倒置的圆台锥形幕墙来包装那个12层的楼，幕墙用对角分布的杆系来装饰，它的放射状框（mullion）装有可以适应每天的巨大的温差而产生的运动的装置。玻璃外面的顷角挡住了眩目的光和热量摄入，它与黑色的面漆相结合以阻止内部影响风景的光反射。因为这里有旋转的餐厅，鸡尾酒会和户外的了望平台，所以我们在这里可以看见白天谷底的风光，夜间的“城市之光”风景。这个“太空舱”的核心部分就是会议室，商店和不可或缺的结婚礼堂。建筑物的顶部安装着一个露天的螺旋滑梯。在建筑的高处安了过山车来吸引游客。计划准备开发一个混凝土塔标（pylon）作为过山车的一部分，伸向拉斯韦加斯的林荫大道和周围的屋顶。

俄国的电影导演谢尔盖·爱森斯坦(Sergei Eisenstein)最早的认识到大规模建筑工程的戏剧风格，以及它们潜在的戏剧艺术，当提到为他所建造的浮桥(pontoon bridge)而精心设计的寓意

1.建筑物的主轴是由3根混凝土支柱和沿着中轴线高速上升的电梯组成的，上面的平台是钢结构的。

2.观察平台倾斜的外形可以减少耀眼的光，并且能使从这里看到的远山和城市风景，更加令人目眩神迷。

3.轴的侧面组成了独立杆的理想的抛物线形形状，该杆在高处呈张开形支撑着高层住宅的吊杆。

右图：除了一个旋转的餐厅，酒吧和观光平台，塔楼上部还设有淋浴在沙漠阳光中的游艺场和过山车。

(choreograph) 的时候，他认为其代表了“红色的”革命力量。这个花2年时间盖起来的斯特拉托斯费尔塔的戏剧魅力是因为其广告价值而被开发出来的，这个塔楼是嵌入闹市区的最大的建筑物。关于要停建的谣言、技术上的困难等等——尽管这些实际不会起什么阻碍作用——最后都被一一解决了。该建筑物本身具有爱森斯坦的戏剧风格。巨大的爬升式起重机超过了上升的塔楼的高度。在完工的时候，我们在建筑物的顶部安上一个比较小的起重机来拆除前面提到的第一个大的起重机。之后又用第三个起重机来拆除第二个起重机，我们再用手工拆除最后一个起重设备，最后这个过程大约持续了四个月之久。该结构最终的吊装设备就是三角塔架，最后的起重机的尺寸要合适，其拆装使用所谓的“吊装飞艇”或是重型的吊装直升飞机，起重设备最后的附加装置用于安装夜间间隔闪耀的红色信号灯光。

旅游观光城市的主要生活是夜生活。塔楼灯光的设计与建筑形式结合在一起，建筑形式要强调不平静的夜生活。根据“灯光艺术”的思想，设计者用各种各样颜色的氙光来照耀塔楼的支腿 (legs)。用长达几英里的二极管灯来突出塔楼的上层楼面，在光带中加入一些“脉动 (pluse)”和“追赶 (chase)”之类的变化可以使那个太空舱看起来好像在旋转。位于建筑物顶部的过山车的迅速转动被表现出来，并且用频闪的灯光予以加强。

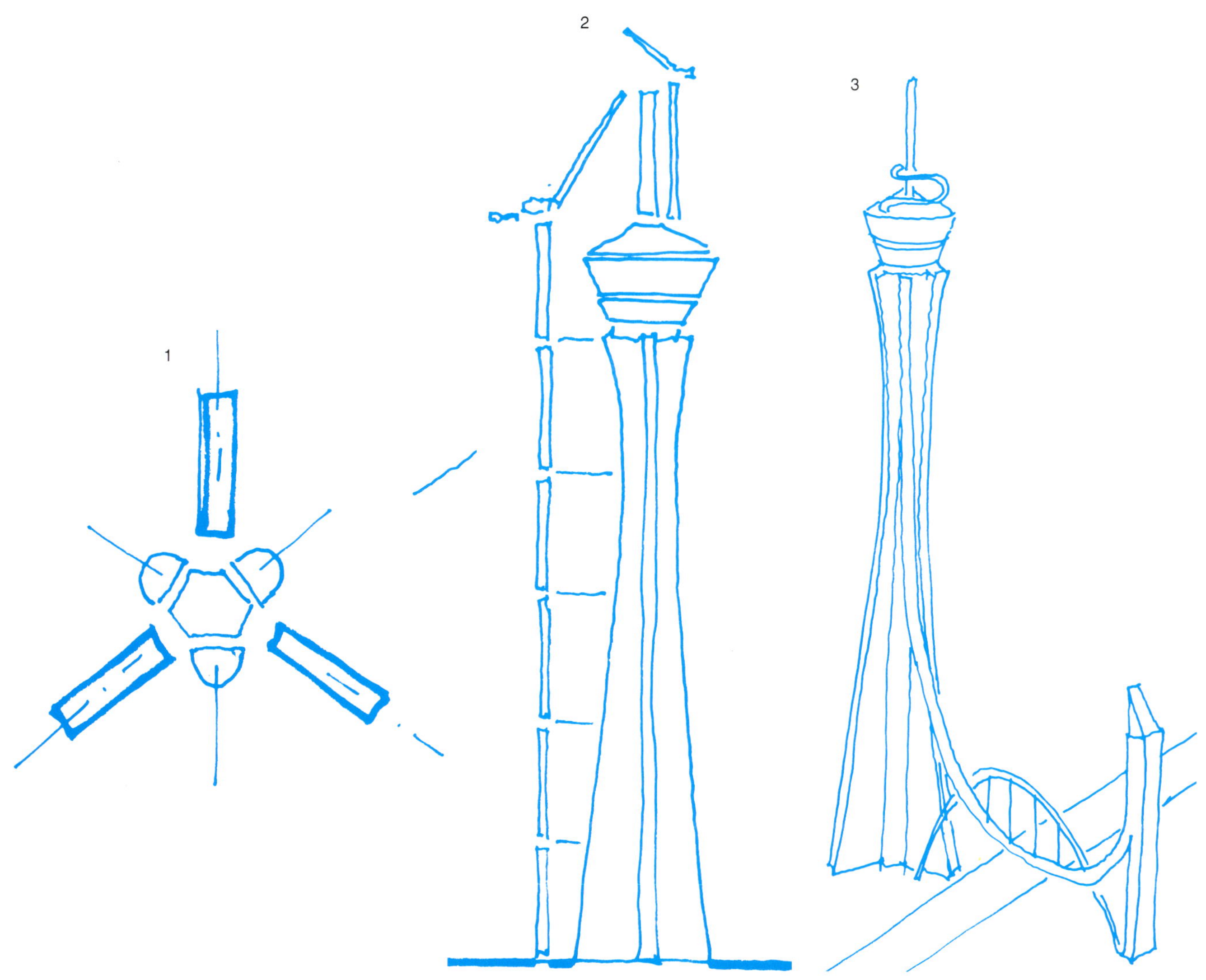

左图：结构形式主宰着建筑设计。当然，我们可以不去考虑一些无关紧要的东西——比如说撑墙上的支架和交叉支柱。

1.三个成120°角的支撑是结构里最重要的组成部分，它们可以抵抗得住来自任何方向的横向荷载。

2.工程的施工阶段是非常戏剧性的。在结构的增高阶段使用的爬升式起重机要用居于楼顶的起重机来拆除，这个居于楼顶的起重机会依次由临时起重机拆除。

3.尽管在该塔楼顶部已经有了非常壮观的按之字爬坡路线盘旋而上的部分，目前还在筹划一个项目，要将整个结构结合起来，使过山车达到史无前列的规模。

孔代·纳斯特塔楼

(Condé Nast Tower)

美国，纽约，2002年

建　筑　师：福克斯—福尔建筑事务所

(Fox and Fowle Architects)

结构工程师：Ysrael Seinuk

纽约第四时代广场—孔代·纳斯特杂志出版公司的总部—体现着客户同开发商德斯特公司（Durst Organization）旨在建成世界上最节能环保大厦的共同努力。地球上超过80%的资源都用于城市，而关于高楼的长期实用性和人们居住其中的愿望还在争论中。设计人员并没有使现在的实际情况更加极端化发展，而是采用了许多改进措施来影响建筑物、施工过程和建筑日常使用。

这个48层的塔楼位于曼哈顿的办公街区，是西42街(West 42nd Street)上的四个发展项目中的第一个,这些项目预计需要12年时间完成。具有棋盘式风格（chequered）的时代广场具有100多年的悠久历史，但是却具有品牌象征，在这里人们重新拾起了对城市和房地产业的兴趣。孔代·纳斯特公司从一直以来出版业集中的麦迪逊大街（Madison Avenue）迁出的举动被开释为"面对世界的十字路口的重新定位"。建筑的风格形式要与周围的环境相搭配。在纽约分化型的闹市，不同地区的分界线非常明显。孔代·纳斯特塔楼恰位于分界处,沿不同的方向有不同的立面图：活泼的钢结构和玻璃构成的正立面对着广场四周的娱乐中心，成阶梯形状、具有孔状分布窗户的背立面对着42号大街的商业地区和远处的布赖恩特公园（Bryant Park）。塔楼的顶部展现出了钢框架、中央核心筒体的组织结构。次要的周边柱的视觉效果也被加强了。以轮廓线表现互相贯穿的建筑块体的层次，以强调建筑物所扮演的连接广阔世界的角色。塔楼上大量的灯光信号给建筑本身做了很好的广告，在街角塔楼拐角处的电子招牌向路人传递着间断发送的新闻。戏剧性的天线在高处整齐地排列，标志着塔楼做为通讯枢纽的功能。

蕴含在所使用的材料中的能量—在建筑使用过程中和建造过程中消耗的热量的数量—在设计过程中和施工过程中一定要仔细计算并尽量使之用量最小。还应该记录下来材料再利用的部分、框架构件和体积材料的材料数量。在施工过程中二次利用可以减少一半的能量的损失。

在一个竞争的投机市场里安装空气净化器是理所当然的事情，还可以使用一些机械系统尽可能高效的保障环境。建筑物的外围护是传统的，外面铺着有艺术感的幕墙，它具有隔绝热量和遮蔽阳光的能

右图：大楼的主体框架结构是对称的，在建筑物的两侧还有延伸出去的次框架。建筑物的各个立面都和附近的邻居相协调。

MIGRATIONS

力，可以减少日光的暴晒。窗户开得比一般的都大，这样可以让更多的日光射入也可以减少电灯消耗的能量。因为使用了高效的冷却器，减少了使用天然气和燃料的制冷设备的负荷。在建筑物的每一层都安上了光电的太阳能吸收器，这样可以适当的提供一些补充能源，同时安上两节燃料电池以给太阳能吸收器提供能量。这些单元的工作原理像电池：经过化学处理方法重新从气体供应得到能量，没有燃烧，也就没有光和热的散失。供气系统提供了比工业规范的要求多50%的新鲜空气，它可以减少每年的冷气负荷。非常复杂精密的控制系统控制着对排气扇和各种泵的变速装置。整个建筑物里都安了传感器——控制温度、湿度、二氧化碳的含量、微小颗粒的数量以及污染程度的显示。用长期的试运转程序校核电脑，该程序不断地在楼里重新平衡能量的消耗情况。一个专用的维护程序将每5年就调试一下建筑物的系统。在北美地区，能量浪费的主要源头之一是由于大型建筑的同步控制系统失效、系统的各部分各自工作所造成的。

减少各种各样形式的浪费已经成为整个工程——包括设计，建造或是使用——最重要的问题了。该工程把拆毁建筑的碎石碾碎重新利用起来作为混凝土的骨料使用。该塔楼的地下结构附近分布着一些历史性建筑，旧的地铁隧道和一些主要的市政设施。深入地面的沉箱结构可以保证建筑物的重量不会给附近的建筑物带来影响，但是已经存在的结构物：旧的挡土墙和基脚，如果可能的话都应该再次予以利用，通过仔细规划、模拟之前的条件而重新设计荷载的分布来保留住这些建筑物。要尽量保证电梯组的高效率，避免空载。一个电梯井筒分享系统被引入到该建筑中：电梯组中，每个电梯井筒带有不止一部电梯，这样可以根据电梯所受到的上下运动指令最大限度的使用好资源，减少不必要的电梯空间。在建造过程中我们要采取严格的杜绝浪费的管理制度,这是减少建筑物内在能量的一个重要因素。也许这个项目中最不具戏剧性但是却是最重要的就是：要将对建筑物日复一日的监控工作持续下去。一个全面的租赁协议被建立并完善起来，条款中包括必须履行资源管理的内容。整个大楼里都布满了网状的循环管道系统，空气净化器可以局部调控，并且给租赁者提供一个可以使他们尽可能高效地使用能源的方案。

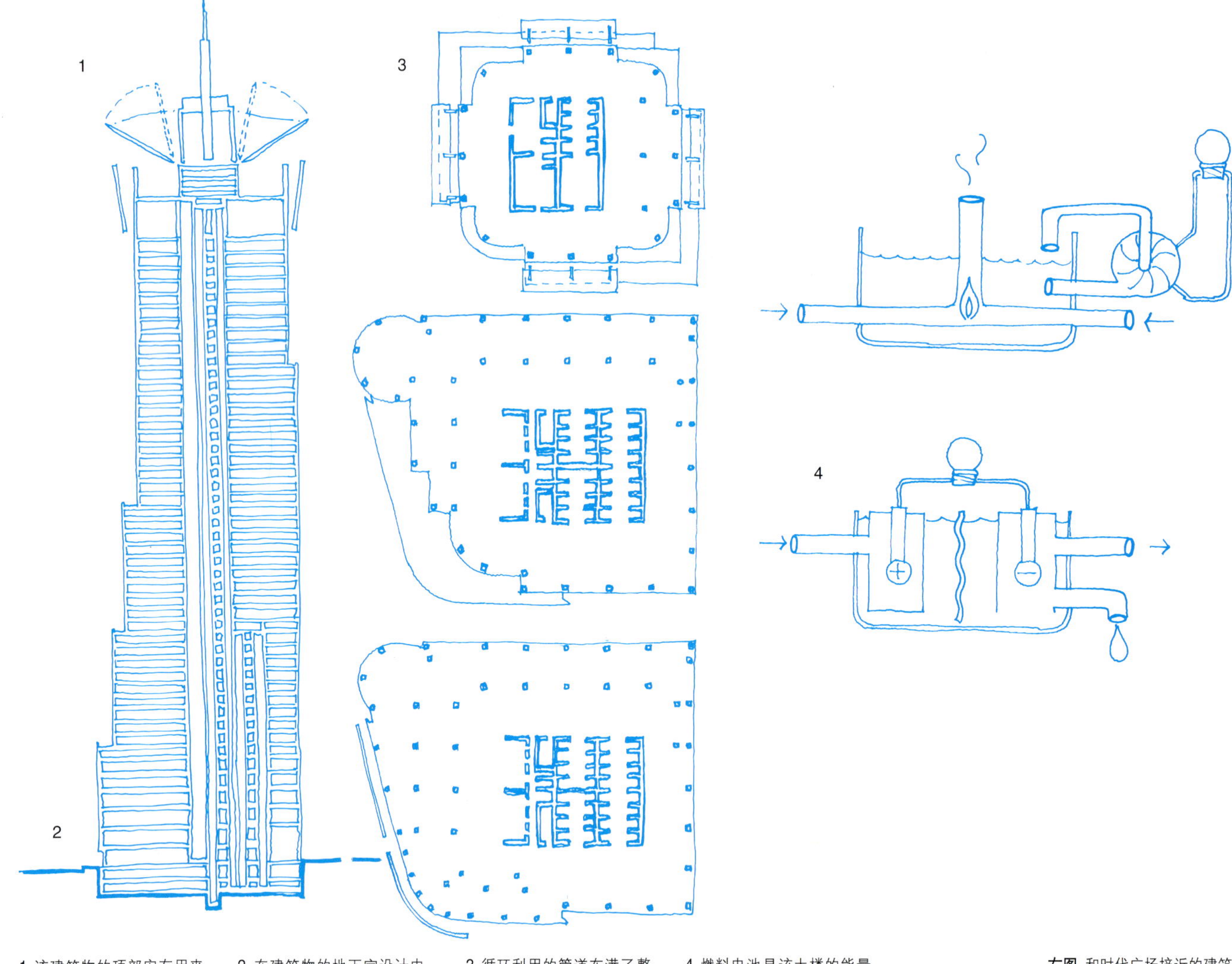

1.该建筑物的顶部安有用来传递信号用的天线和信号门架。这些附属物的安装不会影响建筑物复杂的侧立面。

2.在建筑物的地下室设计中，现有的基础结构的作用被综合考虑于其中，这样可以最低限度的减少在建造过程中的破坏并减少地下施工的费用。

3.循环利用的管道布满了整个大楼，通过井筒分享来节约流通空间，电梯设备分散布置于建筑中以减少垂直交通空间。

4.燃料电池是该大楼的能量来源之一，用它来代替产生热量和烟气的燃烧气体，我们用化学方法来产生电，这样就只会产生水等副产品。

右图：和时代广场接近的建筑部分是弧形的，它的覆层是流线型的。裙房支撑着一个电子广告板。

NOKIA
Here's to long light.
PHILIPS
NEW YORK
LOTTO
Will you be ready
1441 B'WAY

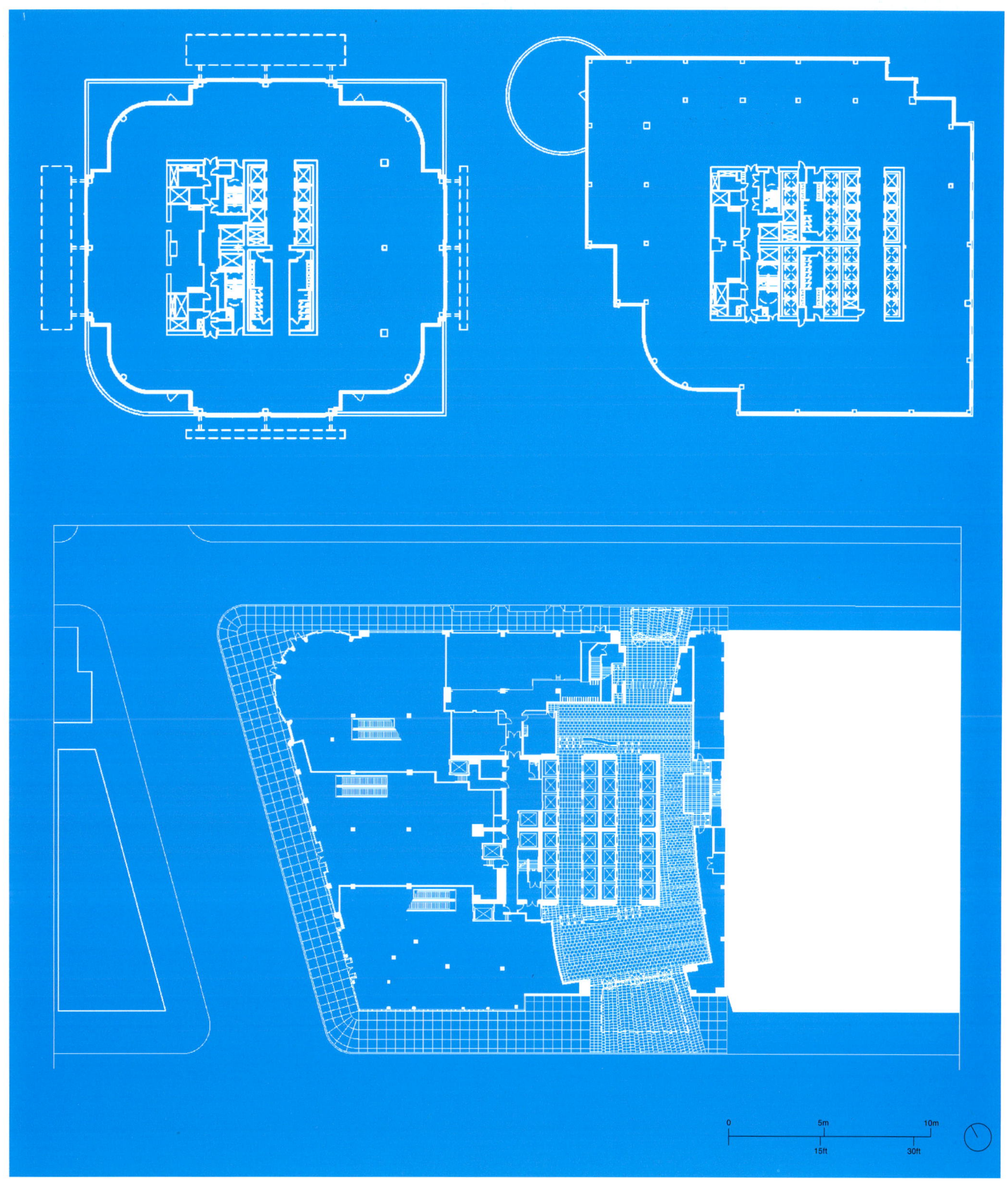

左图：塔楼垂直方向的分块主要是和周围的建筑物有关，可以减少建筑物明显的向外伸展的部分。

上图：从左上角开始顺时针排列分别是：较高层、较低层以及地面层平面。规则的横梁式钢结构框架在建筑物的下部逐渐变大，完全占据着下部平面。在底层处全宽的中央广场腾出了一定的公共领域。

纽约时代大楼

(New York Times Building)

美国，纽约，2004年

建　筑　师：伦佐·皮亚诺建筑事务所/

福克斯－福尔建筑师事务所

结构工程师：桑顿－托马塞蒂工程师事务所

(Thornton – Tomasetti Engineers)

纽约时代杂志社的职员在对他们的新总部大楼设计建议的调查问卷中大多采用这样的词汇—威严的、令人印象深刻的、鼓舞人心的、有历史气息的。这些分散在7个子公司的2500名职员以后将全部回到这座具有划时代意义的大楼里上班。在建筑外型方面，他们选择了这样的一个结合体：简约的、具有历史风格的造型，暖色调的色彩与材料，古典与现代相结合的主题，并且要求一个尖顶造型的屋顶。

16家公司参与了投标竞争。最后胜利的合作方为：曾经负责柏林波茨坦广场德比斯大楼的建筑师和纽约的孔代·纳斯特塔楼的结构工程师（在这本书里的80-85页和132-137页里面都讨论到了），他们分别发挥各自的优势进行合作。建筑师伦佐·皮亚诺是一位非常出色近乎完美的专家，他在建筑立面采用柔和的幕墙来完成大楼与环境的缓冲，实现建筑物与周围环境的融合。福克斯和福尔进行了详细的技术研究，他们的工作促进了设计的实际可行性及经济最优化，这些研究工作包括建造了一个420m²的建筑模型做为技术或系统评价的试验平台。

如果没有很强的实力就很难在当代的主要设计竞争中取胜。这个设计的主题是明亮与透明，这个主题模型体现得很好。模型内部透露着灯光，看似易碎的外表在灯光的雕刻下特别吸引人。设计者也利用了计算机图形直观的体现了反射效果及半透明性。皮亚诺对光线的处理—Menil艺廊（Menil Gallery）的屋顶阻碍德克萨斯柔和阳光，东京Hermès大楼的玻璃幕包裹层镀银处理可以反射城市光线；柏林德比斯大楼的光散射屏幕（light-scattering screen）—在该设计中又有了新的发展。建筑透明的正面—应用最新的、带有光谱选择性的、低发射率的双层玻璃—设置了一排白色的陶瓷管，让人回想起弗兰克·劳埃德·赖特设计的庄臣行政大楼

这个哥特式建筑，反映了城市的格状布局，它是透明的，但在白色陶瓷似的嵌丝幕后面却是朦胧的。

建筑的每个拐角都有简易楼梯,有利于人们在楼层间的活动。玻璃幕缩进去一些,楼梯经抛光处理充分展示了活力,是观看外面风景的好地方。

(Johnson Wax Factory)。经过简易的套管连接后，板就成为了精细、质轻的屏幕，这样可以使光反射到建筑物内部，而且不会刺眼。顶棚的高度足够高，分区隔断并没有完全阻碍日光透射进来。我们并没有对幕墙进行染色或者是增加其反射率。建筑物可以降低周围环境的色差——竞标书里是这么评价这个颜色的:雨后的蓝色，日落后的红色，在城市多变的气氛中,它带来了一丝活跃。这个建筑就立面而言，可以说是穿了一件阳光下的外套，而不是传统的包裹严实的雨衣。较低处的建筑的屋顶有一个反射水池,开敞的建筑物使之与周围的环境浑然一体。人们可以看到位于地坪高度处4层的新闻室(建筑师称其为“面包店”)的紧张工作，编辑们每天24小时将报纸与新闻的源头——街道连接在一起。这个清爽的半透明建筑，占据了第40和41大街之间的第八大道东面的整个街区,位于时代广场西南角落,紧靠着邻近的公交终点站,是外地人进入纽约城市的门户，也是他们窥视纽约生活的窗口。

大楼的基座与周围的环境流畅地衔接在一起。一个公共花园,一个拥有350个观众席位并带有玻璃背墙的礼堂,还有一个展示报纸发展历史的博物馆，都位于一个巨大的露天市场后面。这是个纯粹的哥特式建筑，与周围广告牌的喧嚣以及恢复发展地区铺天盖地的后现代大厦相比，它显得沉静得多。纽约时代大楼受到附近的希格玛大厦的影响，它被视为“这座城市的遗传因子的最好注

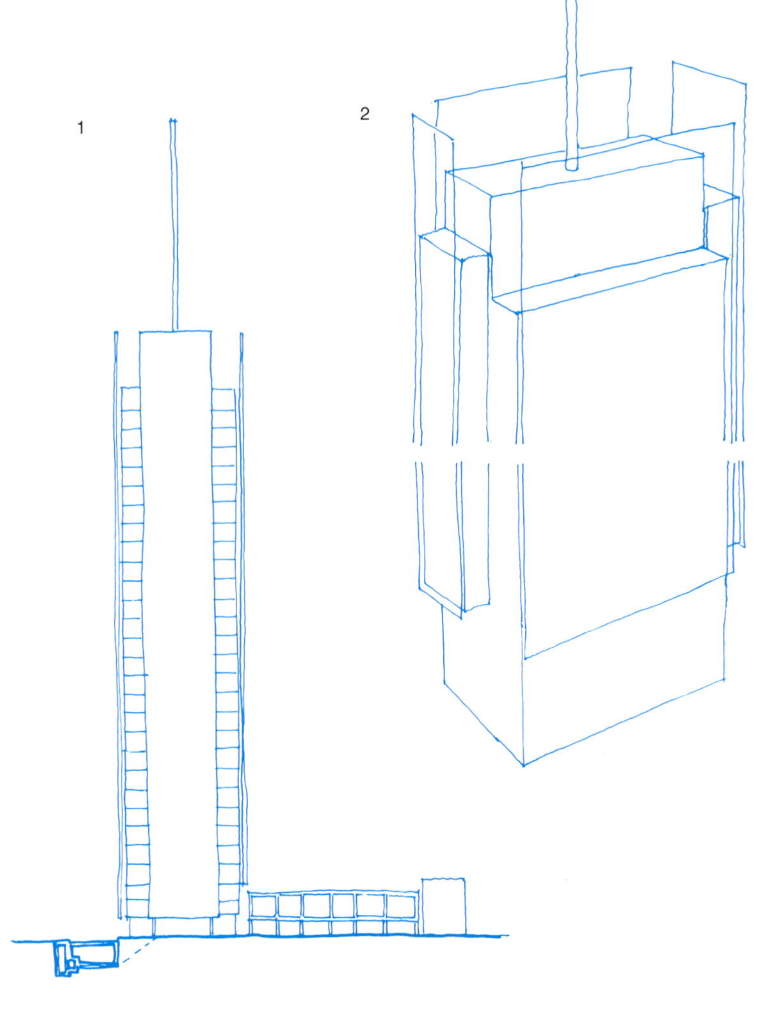

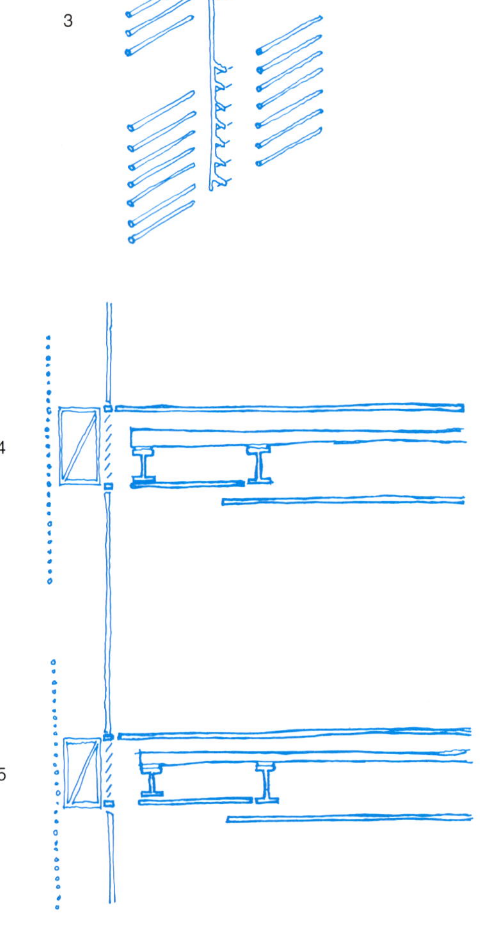

1.碳纤维顶尖高耸于结构之上。它坚固有韧性，在无大风，只是轻风的作用下它可以发生弯曲变形。

2.通过提高建筑物外幕墙的高度，从街道上可以看到低处的新闻室。但屋顶的会议室和阳台被遮住了。

3.明亮的玻璃立面和陶瓷管的外屏幕，可以利用简单的套管安装上，它们都是中性色的，可以直接反射天空中不断变化的阴影。

4.圆柱形的屏幕可以漫射光线，而且可以直接将光反射到建筑内部。足尺寸模型试验有助于得到柱子的最佳直径和间距。

5.屏幕墙在局部中断，水平横木的密度（间距）也是变化的。这样可以让视线穿过，看到整个城市的风景以及远处的街景画面。

释”——曼哈顿地区的格状平面,带有条顿人理性主义的含蓄,它也是美国的“新教徒中心”。皮亚诺的设计兼有被他称之为“浪漫的摩天大楼”的帝国大厦和克莱斯勒大厦的共同特点，是二者力量、轻巧和活力的表达，回应了恢复历史华美的主题。通过提高外层屏幕到高于街面，延伸出建筑物，并在每个角落楼梯间部位缩进一小部分,使塔楼古典主义式成比例的骨体显得超凡脱俗，富有活力。这些不分明的屋角构件动摇了建筑物形式的理解,使建筑形式的边界模糊不清。在屋顶处屏幕单薄地突出来，形成了一个安静沉思的空间。大楼的最高层的处理给人一种奇特的哥特式伍尔沃斯建筑重新流行感觉。楼的尖顶没有任何通讯功能，它只是一个可以在风中摇动的尖顶而已，可以感知气流的不断变化。

起初打算在一个仓库中建立一个建筑模型，按照公司的规划，建筑标准层的西南部分做成四分之一圆形。由美国的能源部门和加利福尼亚的能源委员会出资，进行全年仿真试验来评价结构控制和硬件的交互作用，从而为最终方案提出依据。除了对这个建筑物做了详细的说明外,人们希望得到通用的结论，有助于将来的研究变得更加明确直接。人们鼓励向建筑行业提供低廉的技术和系统，这些技术和系统可以满足建筑物的需要，并且影响更大的市场。这个里程碑式的建筑对新技术的诠释与传统的试验研究相比，更能吸引生产厂家及供应商的目光。

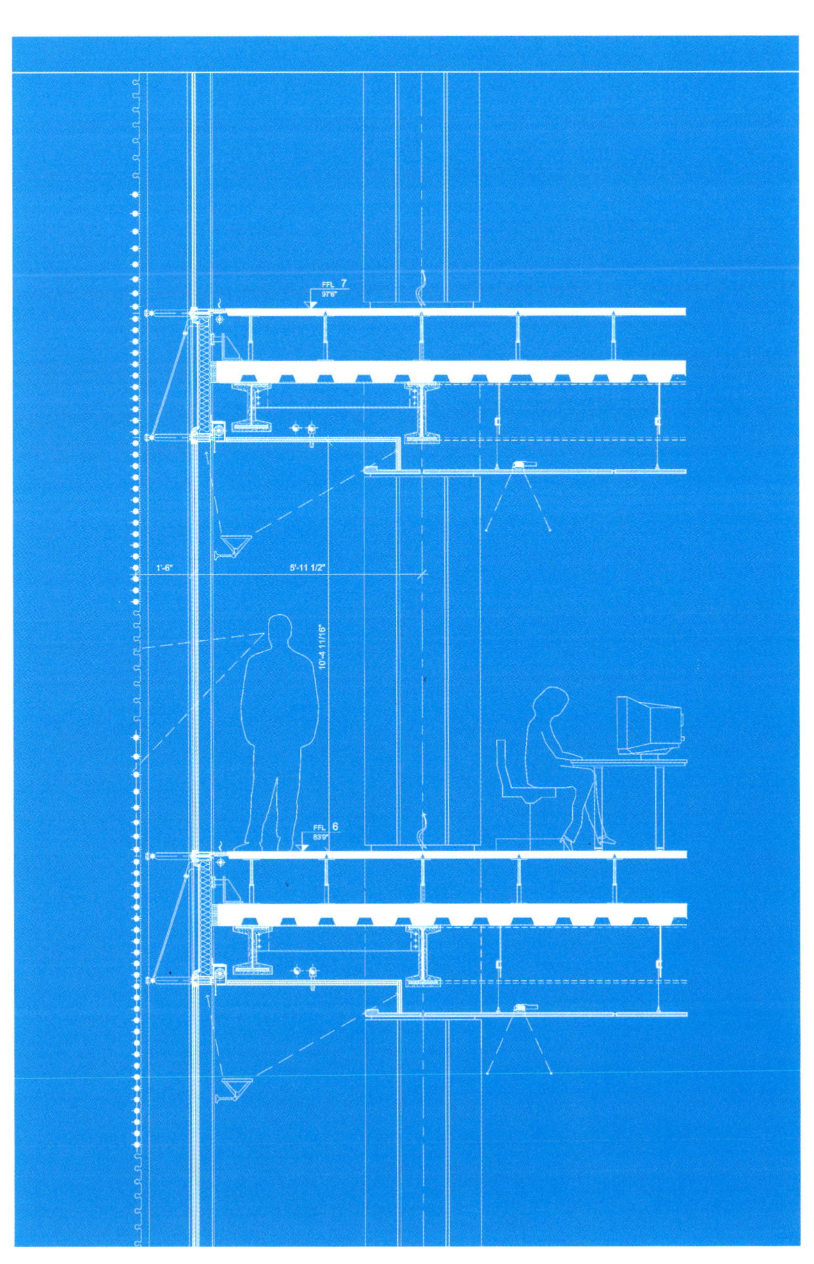

下端背面部分、地板到天花板的高度及内部的隔离系统都详细规划好,这样可以使自然光线尽可能地照射到内部空间。

这个建筑的侧面有点模仿20世纪20年代的哥特式摩天大楼的外貌。主要框架均匀地分布于立面后的细长圆柱结构体上。

美国在线——时代华纳中心
(AOL Time Warner Center)

美国，纽约，2003年
建　筑　师：SOM
结构工程师：Cantor Seinuk

位于纽约市中央公园西南角的新时代华纳中心是一座看起来很新奇的建筑物。在曼哈顿岛,这个最新发展起来的建筑物,它的建立主要是为了解决城市中大量小型建筑结构聚集的问题，因此看起来似乎和周围的环境有一定的冲突。这个设计反反复复经历了很长一段时间。

这个工程的建筑面积保证了它能够满足现阶段的综合商业用途。时代华纳媒体公司的总部、金融中心、零售天地以及购物广场相互比邻布置于大楼内。一个CNN电视工作室、Mandarin饭店和225家公司的总部共同占据了整个建筑物的地下室和两座塔楼。整个建筑设计得就像是一个大型仓库里的巨型储物柜,它的各种复杂的特异功能都被其矩形结构和外部形状隐藏了起来。

这个正在建设中的大楼,是一系列用来取代纽约大型公共娱乐场所中的最后一个项目。从第二次世界大战开始,哥伦布环形广场（Columbus Circle）便成为通往纽约城市剧院地区的北部终点站。罗泊特·摩西（Robert Moses）的纽约体育馆(New York Goliseum）没有什么特色,位于这个露天广场的后面,采用大型的灰白色的砖饰立面,它开放于1956年，几乎立即遭到普遍抵制。附近的嘉维茨会展中心（Jacob K.Javits Convention）的开放使得这个地段被重新开发出来,但是随后的一个20年远景规划方案遭到了西区(West Side）组织团体的反对。沿着这个思路,在市长的建议下，一个综合了零售、商业和住宅用途的活泼的设计方案被运用于这个工程中。由蒙特例尔Habitat会展大厦（Montreal Expo“Habitat” Building）的建筑师莫伊舍·萨夫迪(Moishe Safdie)提出了最终的设计方案,就是建立了一个双塔楼的建筑。这个设计

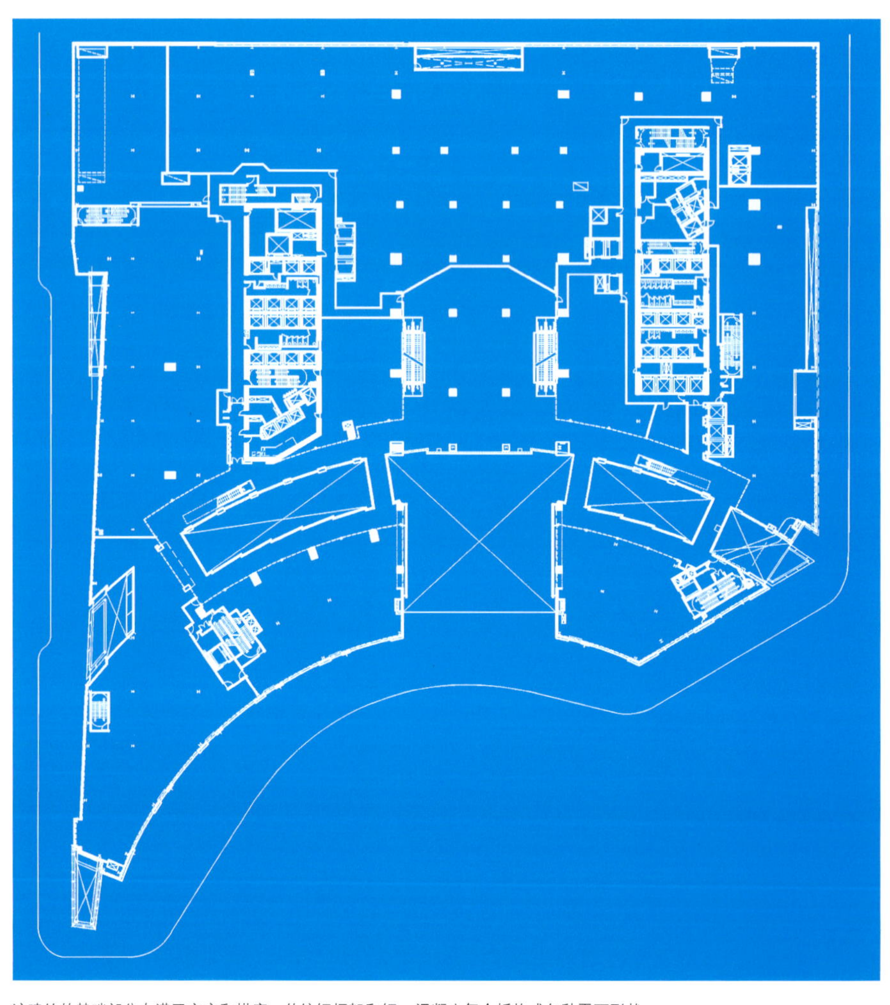

该建筑的基础部分布满了商店和拱廊。传统钢框架和钢—混凝土复合板构成各种平面形状。

该建筑的双塔楼和裙楼就像被雕刻了的块体，填满了由照准线、高度限制、分区规则以及附近街道规划所共同决定的空间。

建筑物的裙房像伸展的双臂，欲拥抱哥伦布环形广场以及环绕广场的街道。整个大楼像穿着金属外衣的镜子影射着天空。

方案考虑了人们所关心的所有问题,因此得以顺利通过。在不使中央公园失色的情况下使这个建筑的面积尽可能的大，这是决定这个建筑外形的关键的问题。当用太阳观测望远镜观察的时候,它的形状似乎便会发生变化。4层的裙楼正好环绕着哥伦布的塑像。购物中心的门穿过一个玻璃端墙直接通向公共场所，虽然这样做会阻碍汽车的通行。局部工程“林肯中心的爵士乐（Jazz at the Lincoln Center)”由建筑师拉斐尔·比尼奥利(Rafael Viñoly)设计,他曾经设计过著名的大型公用建筑东京国际会馆(Tokyo Forum),“林肯中心的爵士乐”给人的感觉就像是一块插入两座塔楼之间的结合体。

通过对塔楼的外装修，萨夫迪复杂而不对称的设计最终构成了目前我们所见到的双塔楼。为了完全使用现代的玻璃幕墙，设计师放弃了装饰派（Art Deco）风格，没有使用附近建筑物所采用的色彩浓的青铜色或绿色玻璃幕墙,而采用了和天空、云彩色调一致的浅蓝色玻璃幕墙。用镂空的雕带（pierced frieze）来合成建筑物的顶部，虽然这个构思对中央公园西街（Central Park West）传统风格的模仿不是非常到位,却也体现了一种奇异的怀旧风格，就好像是在一个现代的汽车上面放着一块残留的翼片（vestigial fin),这种图案可以追溯到1922年芝加哥论坛报大厦（Chicago Tribune Building）的竞标方案,这是最早期的摩天大楼的设计范例。

在这种情况下,专业技术和一些内部设计并没有能相互融和得到令人满意的结果。在设计中存在着通风的问题。钢框架结构可以很轻松的支撑砖石结构的墙体,就好像支撑轻的玻璃外墙一样,从安全和快速的角度考虑,这个钢框架结构里面合理的分布着节点,但是这在设计中并不是起到决定性作用的因素。空调装置可以使所有的空间更适合于居住,也可以保证建筑平面纵深处的通风,但是却很难确定能量的消耗。建筑费用和运营费用的界限不确定,导致很难确定合理的建设方案。对日常运营的资源消耗的研究投入还很大程度上依赖于业主的环保意识的强弱。只有认真考量过结构形式以及维修方面的问题之后,现代化的建筑设计方案才能明确地

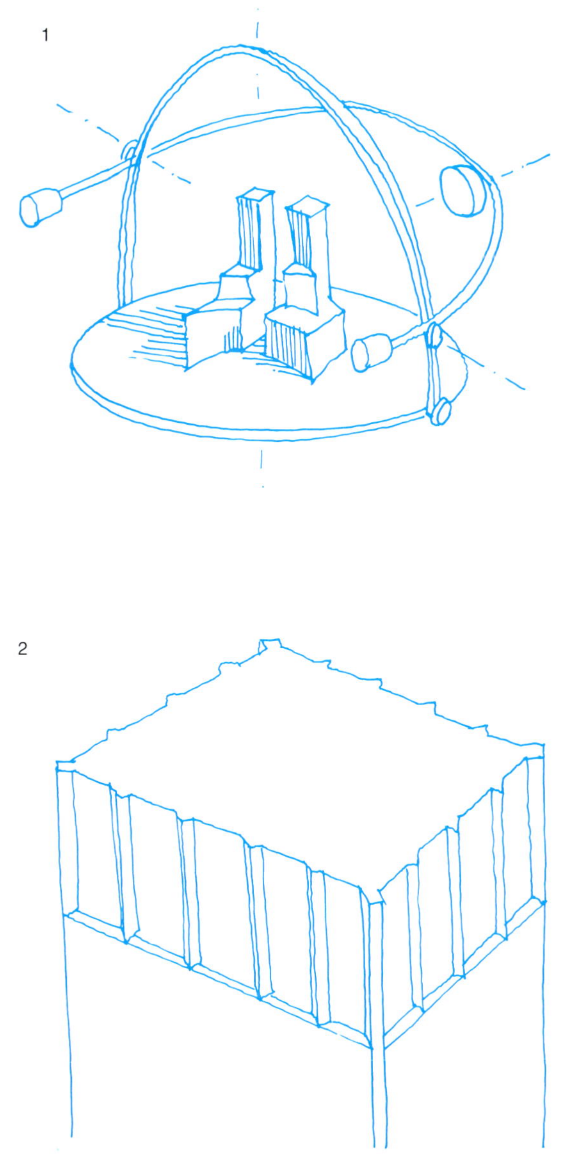

1.用日光仪追踪设计提案里的阴影的轨迹，并使用电脑模型巧妙的处理建筑物的侧面轮廓以保证附近的建筑物采光。

2.塔楼的锯齿状檐口形成了一个简单的外包模式，具有经过试验检验的转角形式，其中的褶皱饰纹可以捕捉光线的变化。

3.整个结构就像是楼面板在一个立体空间中的分层组合，整个建筑的外部墙体就决定了它的外形。

确定下来。

基础设计方面存在的疏忽被高质量的细部构造和装修掩饰了过去。该大厦还划清了区域及楼层的界线以体现社会地位的差异，由此也就产生了一种等级森严的排外意识。通过提供特殊的服务还可以把某种特定的生活方式也一同兜售给客户。就像其文字资料所说的："签定合同的同时，客户也买到了所有能想得到的舒适"。这种轻结构重装饰和细节的状况也许有多方面的原因。性能模式（behavioural patterns）似乎要求建筑立面为周围的环境提供一个标识作用，一般来说大型建筑物的施工通常都被分成许多小模块（sub-routines）。这样通过引进概念性的东西和模块之间的交接，比较容易规划和控制施工。

对于大楼的建设，虽然通过长期的调查取证发现其中存在很多的矛盾，但是也没能找到一种令各方都满意的折衷方案。虽然周围的居民认为由于施工对生活造成的影响会被尽可能减小，但还是对其产生的噪声存在一定的不满。对于在建设过程中消耗的大量能量和建筑材料也使这个建筑遭到了长期的批评。对于租户来说，这幢建筑融合于本地区的林立的楼宇之中，建筑师为他们设计了一幢平凡的建筑，就像一个性情温和的巨人蜷曲起身体以显得不那么突兀，然后一头扎进人群中。也许一幢大型建筑物应该有其独特的造型耸立于周围的环境中。

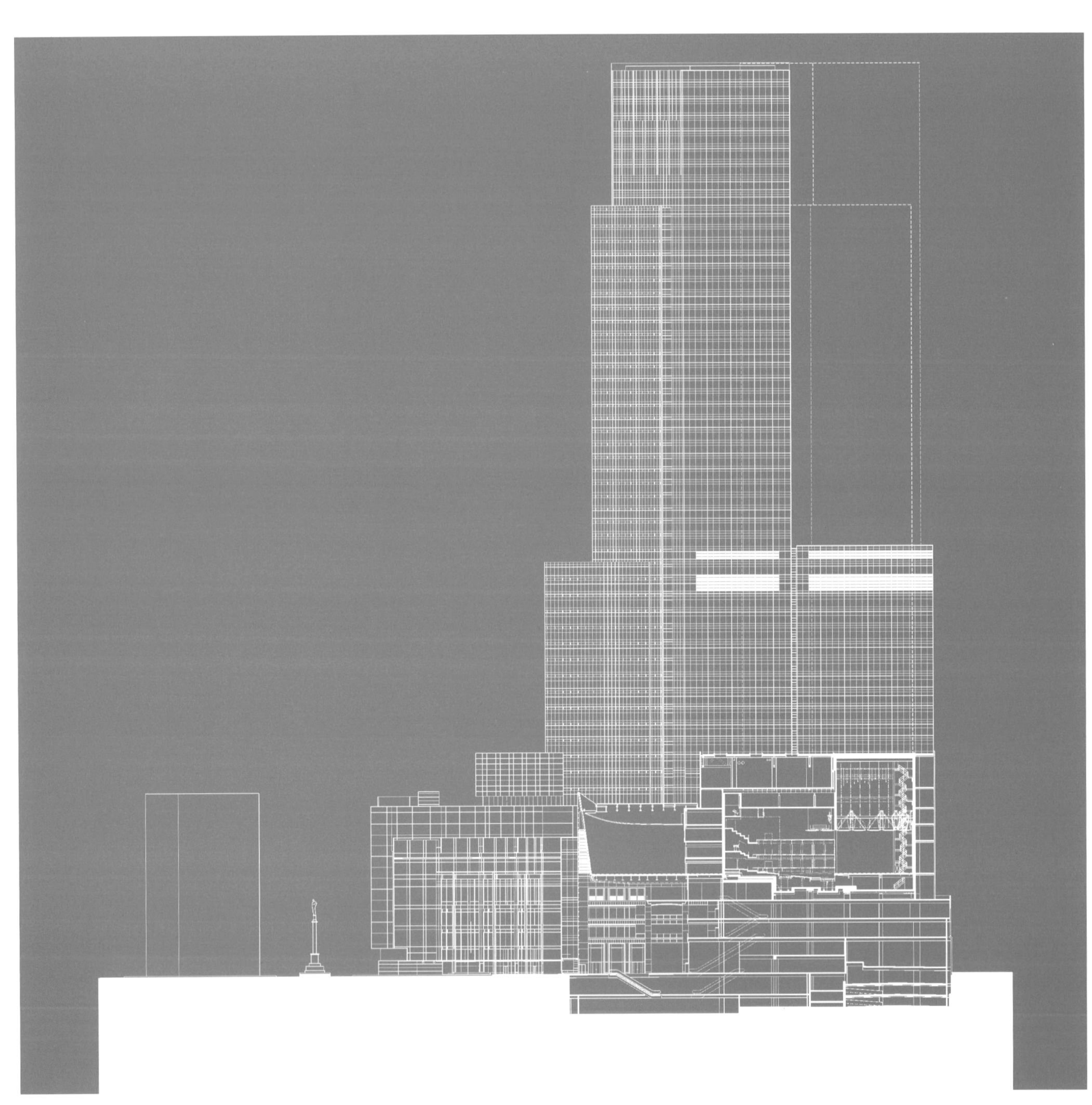

建筑场址里充满了变化多端的空间形式。巨型大厅建在裙楼的顶层，从而方便做为零售商场的地下室的平面布置，同时也可以减轻结构的重量。

我们采用分层的正面和重复缩进以减少这个巨型建筑物在外观上给人的臃肿感，中心门廊上悬挂着的大屏幕给人以很强的亲和力。

高崖

(Highcliff)

中国，香港，2002年
建　筑　师：刘荣广和伍振民建筑师事务所
(Dennis Lau and NG Chun Man Architects)
结构工程师：马格努森－克莱门契奇建筑事务所 (Magnusson Klemencic Associates)/茂盛工程顾问公司 (Maunsell Group)

除了一些商用建筑物之外，高崖应该是世界上最高的公寓住宅大楼。它高高地坐落于香港最高峰的东面。通过一系列非凡的措施，这幢高层公寓住宅塔楼就像一对细长的柱子稳稳地耸立于香港——世界上风环境最差的地区之一。

高层建筑通常能有效的利用空间。由于没有高度限制，相对于总的面积香港立法规定建筑物的容积率要达到1：8，通过两个超高层建筑物的组合就很容易满足高层建筑规范的规定。采用超高层建筑已经使80%的香港人的居住空间都得到了改善。由同一建筑师设计的高崖和其邻居御峰(Summit)分别代表了两种不同的顾客群。它们同时在香港破土动工，关于它们之间异同点的比较是非常有意义的，御峰的设计方案就是由高崖的方案演变而来的。

这两幢建筑的设计与它们建筑工地的选择是紧密相关的。御峰面向北方，对着欢乐谷（Happy Valley)，其有明显的前后界限，是典型的香港式建筑。它的每个单元由跃层的两户构成，优势是利用弯曲的环形场地增加了建筑的空间。选点稍微高一点的高崖从各个方面显著地拓宽了视野。一对相交的椭圆构成了其结构平面方案，在低层，每层分为两个单元围绕着中央核心筒，而上层则每层作为一个独立的大单元。这两座建筑的公寓内部平面设计却是千篇一律正交分隔的。

两个塔楼的外形是相得益彰的，它们的平面构图形式避免了因注重风水而产生无规则的负面能量，同时也减小了其对于台风的负载。这两幢建筑物都采用了钢筋混凝土结构，把分散但又是必要的各种建筑要素理想的粘合在一起。为了安装窗户需要打通各层剪力墙，而剪力墙因此产生的刚度削弱则通过窗间壁柱构成一个封闭的平面来补偿，以满足其刚度要求。这两幢建筑物看起来令人惊叹的修长，就好象是整个建筑群的核心筒似的，但是由于设计的成功使其完全能够抵御各种复杂的侧力组合。

设计者利用高强度的水泥来减小结构构件的体积，从而增大建筑平面的利用

居住区入口大厅的曲线型内部装饰，包括一个灯饰的玻璃楼梯。

塔楼的重量由很高的混凝土转换结构传递到巨大的柱子上，下面几层全装玻璃，城市风光一览无余。

率。抗压强度达到100N/mm^{2}便能够接近钢铁的强度。做为一种建筑材料，混凝土有一些内在的问题：比如随着自身的温度的升高从而容易发生爆裂；随着时间增长它可以不断的收缩；在一定的高载荷下，它自身可以产生持续不断的开裂。所有的这些问题随时间增长渐渐出现，因此这需要更高的强度（译者注：仅仅依靠提高混凝土强度并不能完全解决上述问题）。在过去的几十年里，化学外加剂的使用对混凝土科学的发展起到了重要的作用，在浇注和保养的过程当中提高了材料的性质。胶结掺料比如硅粉的使用大大提高了浇注混凝土的和易性，避免了离析现象以及材料强度的丧失；其他的灰质外掺材料可以使胶凝材料容易分散以及在混凝土中引气，从而可以控制流动混凝土在输送管中的运动。香港城市建设评估部门采用了北美的建筑标准对建筑物规格进行评估。由于计算机非线性分析技术的进步，使人们可以预知材料在三维方向上的性能随时间的变化以及可以从统计学角度对于开裂造

由高强混凝土建成的这两幢塔楼显得格外修长，下面的岩层保证了其基础的可靠性。

在公共活动空间的华丽的装饰掩盖了巨大的结构，也掩饰了核心筒与外围墙体的联系。

成的缺陷进行分析，也就是说在设计阶段就可以对真实情况当中的各种风险进行模型上的分析预测。对于建筑行业，质量保证程序的进步已经在对这些特殊材料的安全评估中产生了巨大影响。

混凝土强度可以提高，但并不能伴随着提高弹性性能。结构的延性——它的克服超载以及材料之间的不相容性的能力（材料不相容性大概意指钢材和混凝土变形性能上的差异）——并不会因为混凝土的脆性而丧失。御峰和高崖的结构在风暴中产生的顶点侧移是为居住者可接受的。楼层上安装了阻尼器以保持建筑物在服役期间的舒适度。计算机控制的伺服机电系统抵消了建筑物的各种侧向运动，这套系统能够发挥作用得益于粘滞式阻尼器——能够在振荡运动中消耗能量的液压活塞。

高崖地处险峻的斜坡位置，它的地基采用传统的香港式的基础，就是通过一块极厚的混凝土转换板（deep transfer slab）把整个建筑物的自重传递到下面环周边布置的巨型钢筋混凝土柱上，这些巨型柱穿过墩座落在基础上。这样就把这幢超高层建筑物和山体通过基础连成了一个整体。建筑物所采用的三米厚的筏板式基础是浇筑在山体风化岩石层掩盖下的密实

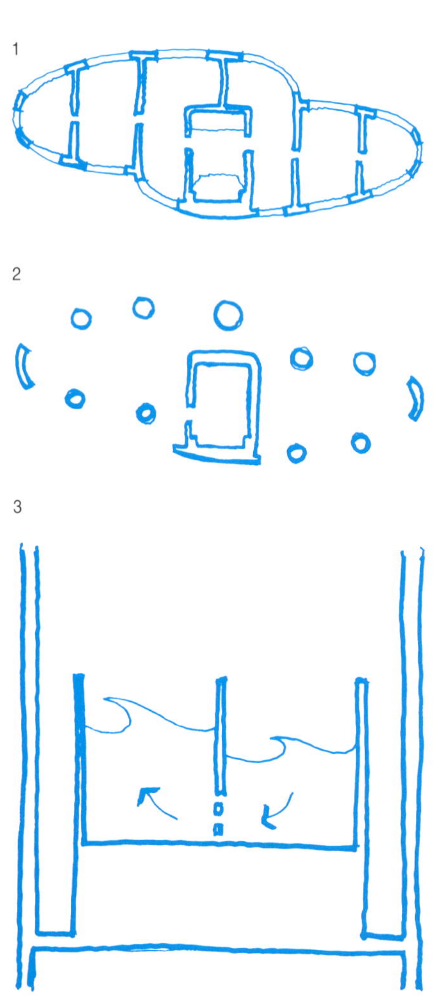

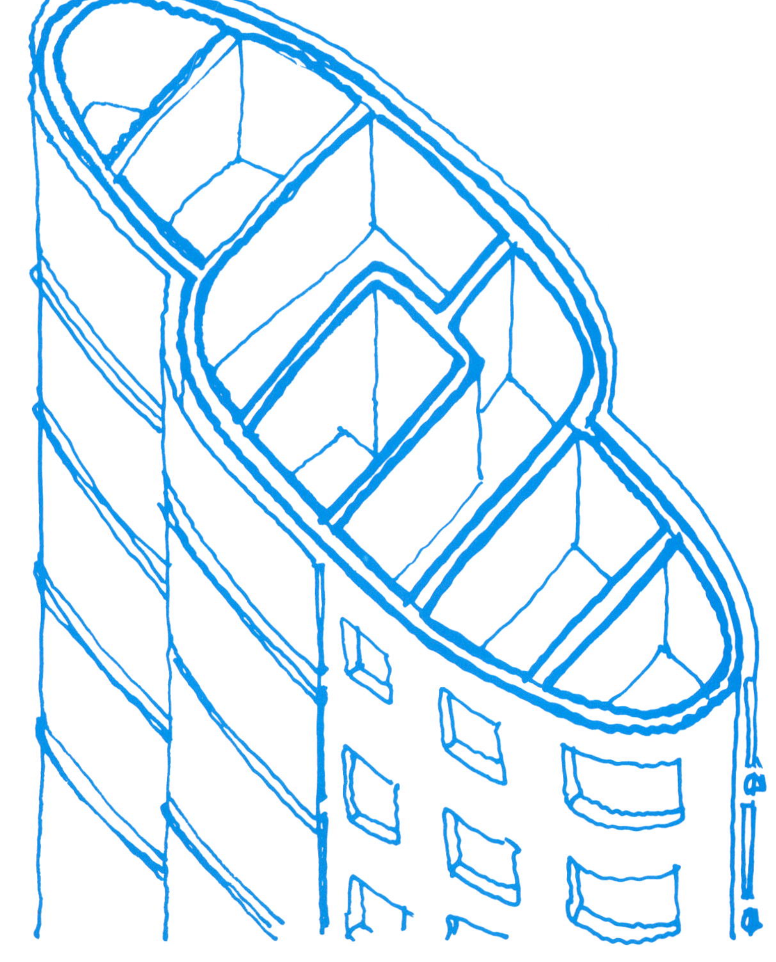

1.整个塔楼的平面组合就像一个用钢筋混凝土剪力墙组成的多细胞的竹茎。

2.塔楼下面数层由短柱、剪力墙和核心筒来抵抗侧向荷载。

3.利用粘滞（slosh）阻尼器里大量液体的流动而产生的摩擦力来抵抗由于台风引起的振动。

4.由窗台梁连接而成的圈梁来加固塔楼的外围墙体，而窗子巧妙地隐藏在连续的玻璃覆盖层后面。

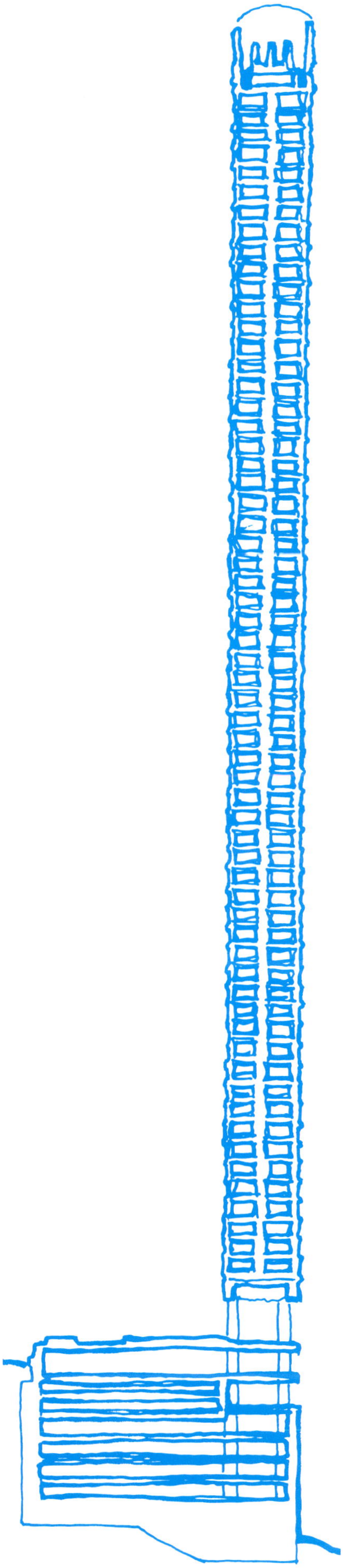

上图：与钢筋混凝土核心筒结构的摩天大楼相比，看似单薄的结构在抵抗风荷载方面毫不逊色。

右图：建筑物的椭圆形流线设计有效地减小了风荷载及其引起的噪声，尤其是那种尖锐的棱角边界引起的呼啸声。

上图： 御峰大厦每层的两户都可以面向东方的风景区，裙房作为停车场，将底层住户的视线提升至林木线之上。

右上图： 公寓内托板（transfer plate）及密柱的结构布置形式为游泳池等大型设施提供了空间。

花岗石岩层上，围绕在基础周围的一组桩柱形成了整个地基的挡土墙。基础承受了整个建筑物的自重并把整个建筑物所受的风荷载传递到基础周围的岩石上。在附近的御峰塔楼遇到了不同的地质情况，因而采用了直接支撑于岩床上的桩基。

高崖所采用的高要求建筑规格反映了不稳定的住宅租赁市场的取向，生命周期成本计算（Life-cycle costing）的结果允许设计者采用高质量的装修标准。用起重设备把预制的弯曲型玻璃幕墙提升到指定位置，然后从内部把玻璃幕墙安装在椭圆形楼层外围，就避免了在风力很大的高处搭建脚手架。幕墙的连接结点被设计成为密封的从而使其能在台风作用下振动时仍然保持良好性能。御峰大楼仍然采用了传统的墙体和普通的格构窗，而高崖采用了普通住宅中并不常用的全窗式墙体。在整个建筑的外表并没有设置直接暴露于外部的空调平台，而是在每层平面设置了一个中央空调机房（fan-coil room）。

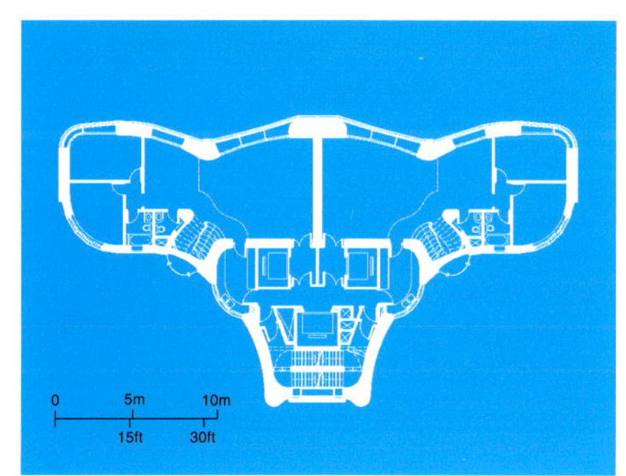

每套住宅都是跃层建筑，由中间的旋转楼梯和高大的柱子形成双层的大空间。

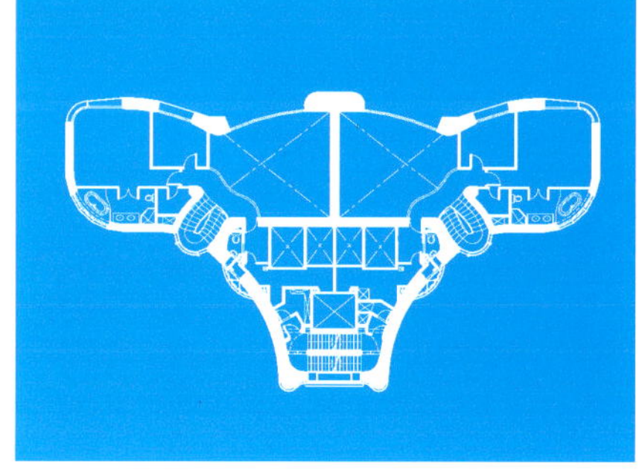

安全楼梯、电梯井和旋转楼梯构成了钢筋混凝土框架的加强构件。

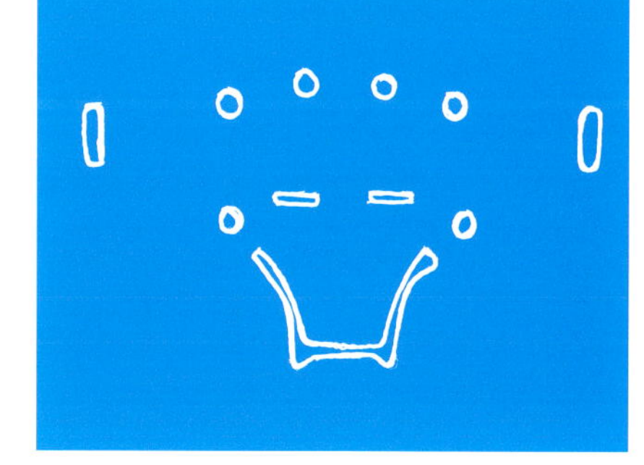

低层的柱子与独立的隔墙结构一起抵抗侧向荷载，分布于建筑四周的这些构件有效地提供了大空间。

国际金融中心二期

(International Finance Centre Ⅱ)

中国，香港，2003年

建　筑　师：西萨·佩里建筑师事务所（Cesar Pelli and Associates）/许李严建筑师有限公司（Rocco Design）

结构工程师：阿鲁普香港事务所

2003年完工的世界上第二高塔楼——香港国际金融中心二期（简称IFC Ⅱ），也是世界上最为壮观的建筑物之一。它坐落于维多利亚港，与后面作为背景的山峰同样高度。这个88层高的细长建筑物同它相邻的38层建筑物相比显得更有活性。这两座建筑物在城市全景画中占有重要的位置，是新城区的主要风景。临近各种交通换乘的枢纽，可以通达机场、城市铁路、连接香港和九龙以及周围城区的渡口。在香港奇特的灯景之中，这个塔楼的装饰灯光是不闪烁的，以免分散在机场降落的飞机驾驶员的注意力(现在机场已搬迁至他处)。复古的侧轮廓和未来派的照明实现了休·费里斯虚无飘渺的艺术景象。

带褶的立面与层叠顶盖由巨型柱框架结构支承。除包含垂直盘旋楼梯的大体积钢筋混凝土核心筒之外，每一层还包含四片大跨度楼板，分跨在八根巨型钢管混凝土柱上。这些柱子内部填充了混凝土以增强其结构刚度。每隔20层，用层高高度的钢桁架梁将钢管混凝土柱与钢筋混凝土核心筒联接起来以抵抗侧向风荷载。在这些连接层的电梯和楼梯附近布置有设备房和火灾避难处。把平面凹角的边角部分用作办公室，这些边角部分构成轻型的二级结构，向下将荷载传递至位于墩座上的钢桁架转换结构上。

在如此高的塔楼中，钢筋混凝土的承受能力也存在一定的问题。混凝土随着时间的增长，在水化反应和荷载的共同作用下出现收缩和压缩，而钢筋在尺寸上则是稳定的。结构各种固有的运动位移在设计上用最简单的方法来进行处理。在混凝土核心筒和超级柱外壳之间的接头处装上弹簧薄垫片。当受到风荷载时，压缩薄垫片和整个系统锁在一起谐同作用。如果在年度检查中发现由于核心筒的沉降，薄垫片之间发生永久粘合，只要用更薄的垫片来更换即可。

该建筑的地基直接建立在海底清除掉淤泥后的花岗岩岩床上，其基础的施工综合考虑了复杂的经济性和可行性的因素。利用一台大型自动化钻机开挖掉岩床上的淤泥形成一个深深的圆形堑坑，在其遇到不均匀的地质条件时这台机器可以自动调节以保证挖掘的工作线不发生变动。通过填充触变式泥浆（停止搅拌后变硬，但搅拌时则柔软）防止开挖后的不稳定崩塌，直到水泥通过压缩泵打入地下置换出不堪负重的泥浆。钢筋笼从上面放入然后水泥固化，这样形成的埋置式的围堰通过开挖显现出来，形成一个深达基岩的巨大堑坑。开挖的弃土被用于填海，作为回收材料被用于香港迪士尼乐园的建设。在围堰围成的深坑下基岩的表面开始拓展基础的

由于旧的机场规则所限，香港的灯光是不能闪烁的，因此鼓励建筑采用照墙灯（"wall washers"）。

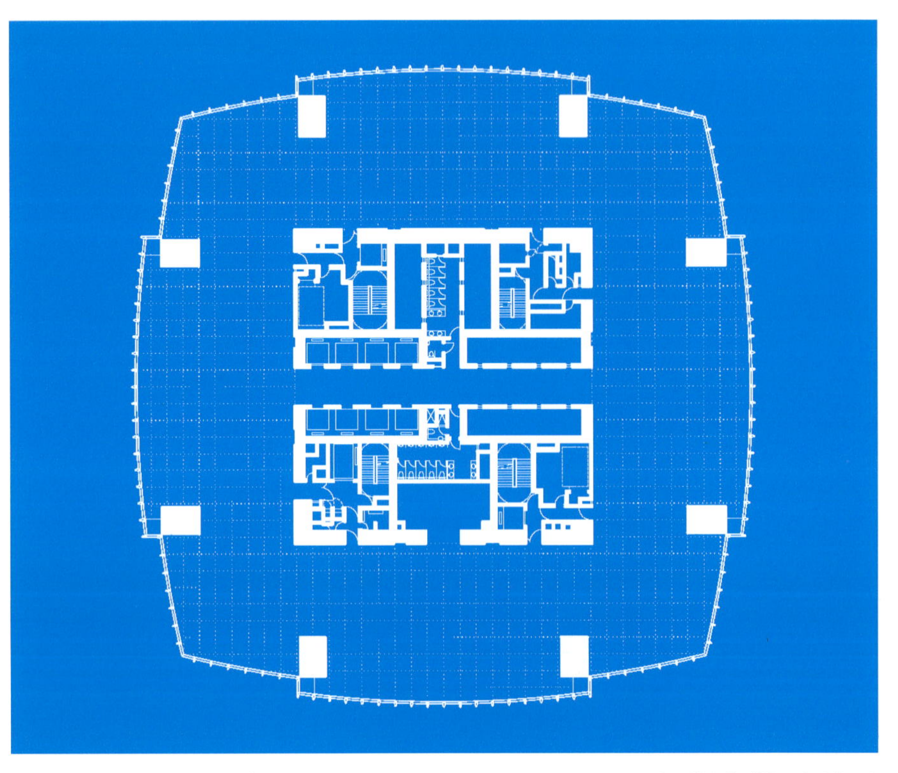

超级柱结构（super—column structure）由混凝土核心筒、其与之相连的八个巨型钢管混凝土柱以及连接它们的轻型次框架（secondary framing）组成。

和远处山峰同高的 IFC II 高高地耸立于维多利亚港畔，成为香港的标志性建筑之一，其比邻建筑更衬托了它的雄伟。

建设，随着地基的建设完成，围堰也逐渐被破坏移走。

香港是世界上最大的港口城市之一，建造码头可以大量消化附近建筑工地开挖基础的弃土和建筑垃圾。香港直接联系着世界建筑材料市场，本工程的钢结构被分为一系列的“包段”（‘packages’），用合同方式形成的相关链式处理过程以方便管理。在整个基础建设期间，动用卡车20万车次运来了100万m^3的建筑材料，同时用船运进38000吨钢材，还有50万m^3的混凝土是在工地生产的。整个设计和施工工作都是在总体协调下进行的，各种材料都在精确指定的时间运送到工地，就免去了存储的费用。钢材来自于各个国家：基础部分用自西班牙，中间部分采用英国的，而日本和中国的用于最上部。作为国际金融中心，香港通达所有的国际市场，所以它的建筑也反映了世界观点。

这个工程整整历时3年，3500人从事了这项工程，他们的安全、健康和福利待遇都得到了适当安排。在施工期间，曾经由于建筑工人在高层非法烧饭引燃一种包装材料而发生了一场火灾，在承包商及时控制下扑灭了，证明其管理体系能够保证安全施工。

现代建筑施工成为一种冒险的管理经历，要选择不同的方法手段减小冒险的程度，降低事故率同时减少不能完全避免的失误。对于钢结构和混凝土结构混合施工的工程，要考虑成本核算，两个工种存在交接，是很有可能产生失策的地方。混凝土构件要花比钢构件更长的时间才能在固化后进行装配，对于现浇法施工，通常做

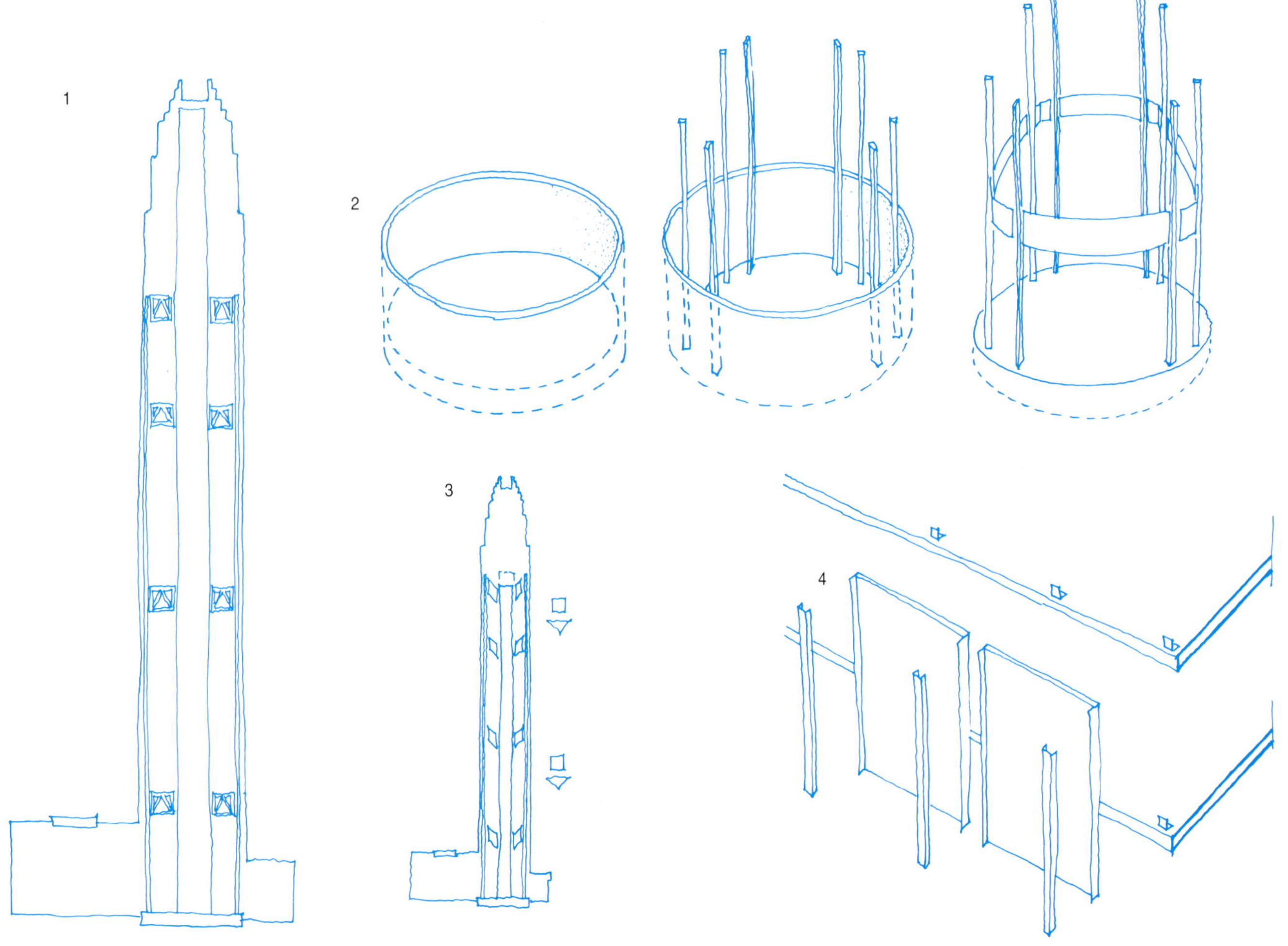

1.由混凝土核心筒、巨型柱和悬挑楼板连接而构成的抗侧力体系有效地抵御了范围可覆盖全岛的强台风。

2.通过设立临时围堰加快了土石方开挖和基础工程的进度，整个工程的进度没有因为地下工程而延误。

3.由于混凝土的蠕变和收缩引起的核心筒和外框架之间的位移差通过设在连接它们的悬挑构件末端的可移动垫片（removable shims）来予以补偿。

4.面板由起重机吊起，从内部固定于楼板边缘，壁柱保证了面板在强风作用下的密封稳定。

处于工程初期的带有挡土墙的基础建设，为从渡口去往市区的乘客设立的框架桥已经就位。

法是首先准备模板并且调整模板，接着是支模，再绑扎钢筋，最后浇灌混凝土，振捣密实然后才允许进行下面的工序。钢结构则恰恰相反，钢构件一根接一根地装配，只要它下面的基础强度允许，速度可以非常快。IFC Ⅱ的混凝土核心筒的施工采用了爬升模板（jump forms），能够赶得上钢的外壳和楼板的施工速度。液压提升系统提升起庞大的钢模板，模板内已经安放绑扎好的钢筋笼，然后浇灌混凝土，一旦混凝土强度生长到允许的程度，模板离开核心筒墙壁，以蛙跳的方式向上爬升到一个新的位置；这样的过程循环往复。一旦就位，模板自动填充混凝土，混凝土由输送泵泵送到位。施工过程中随时检查并且调整核心筒的垂直度。埋入混凝土墙体的钢埋件（steel inserts），提供了核心筒与随后施工的周围结构的连接。一种速度更快的模板系统，滑升模板（slip-forming）没有被该工程采用，因为连续滑升很容易导致结构逐渐倾斜，而且放置预埋件也会使连续工艺中断。起重设备的效率同样是施工规划的考虑重点。在有限的施工场地上只能安排有限的吊装设备，主框架的施工速度是由吊车决定的。

在香港这种土地资源奇缺的地区建设IFC Ⅱ是一个需要极大魄力的高回报的行为。在香港这种密集度很高的城市市中心建设如此庞大的工程，施工速度是一个很大的难题。工程一旦开工，对资源的消耗速度是惊人的，因此必须尽快使其市场化。

中央混凝土核心筒先期浇注并在已完成的部分搭建中央平台，将埋件留在混凝土墙中以备与后起的框架连接。

随着基础的完工临时围堰立即被拆除，围绕整个建筑和位于地下的立交道路也随之破土动工。

钢筋混凝土核心筒、外围钢结构以及外部装修依次向上施工，攀升式起重机和外部升降机正在运送材料和工作人员。

地王商业中心（地王大厦）

中国，深圳，1996年
建　筑　师：张国言设计事务所
(K.Y.Cheung Design Associates)
结构工程师：莱斯利·罗伯逊
(LesLie. E. Robertson)/
茂盛工程顾问有限公司

地王商业中心及其周边建筑成为中国南方新兴城市深圳的灵魂象征。深圳深受当时广州快速产业化进程影响,同时其对毗邻的带有独特后殖民价值观的香港又存在着一种根深蒂固的自卑感，这两种影响的交织促使这座城市在一代人的努力下迅速崛起，从一个农村小村庄转变为可以与上海及邻近的九龙相匹敌的600万人口大都市。新建于“地王”之地上的地王商业中心，恰当表达了最佳的结构构思，它比贝聿明的杰作——香港中国银行高出10m(33英尺)。

1976年文化大革命结束，4年后深圳被设为经济特区，作为面向世界的贸易和信息窗口。海外的华裔投资家和专业人士回到这里，并兴起了建筑浪潮。1992年末，在这个过程中引进了新的质量标准和国际化竞争，地王商业中心成为这座城市综合发展的里程碑。当时要求该工程要在1996年4月完工，即为下一年(1997)中国香港的回归做准备。当时深圳没有超高层建筑的建筑规范。经济特区为吸引众多商家，注入私人资金、将建筑国际标准化、将灵活的办公空间分割成小的单元，这样也使发展冒着投机的风险。为了建成一个城市的标志，市领导没有对建筑高度进行限制。设计队伍受其鼓励，应用从香港引进的先进建筑技术和管理经验。用俗话说，就是要将深圳做为古老中国面向西方开设的窗口。实际上，这个工程成为了国家的试点工程，许多政府领导及相关专家到访无不称赞这座摩天大楼。这个昔日的小村庄也正是通过不断的学习吸收外来经验才建成了今天的经济特区。

香港回归在即，迫使大楼必须快速完工。它将近乎全球的专业技术集于一身。

地王商业中心的办公楼及其居住公寓以其与众不同的建筑造型占据这个城市的一片天空。简洁的结构配以华丽的装饰。

这座长板形大楼采用混凝土框架结构。中间设有大型的桁架转换层。外围钢框架与内部的混凝土剪力墙连接在一起构成大楼修长的主体。

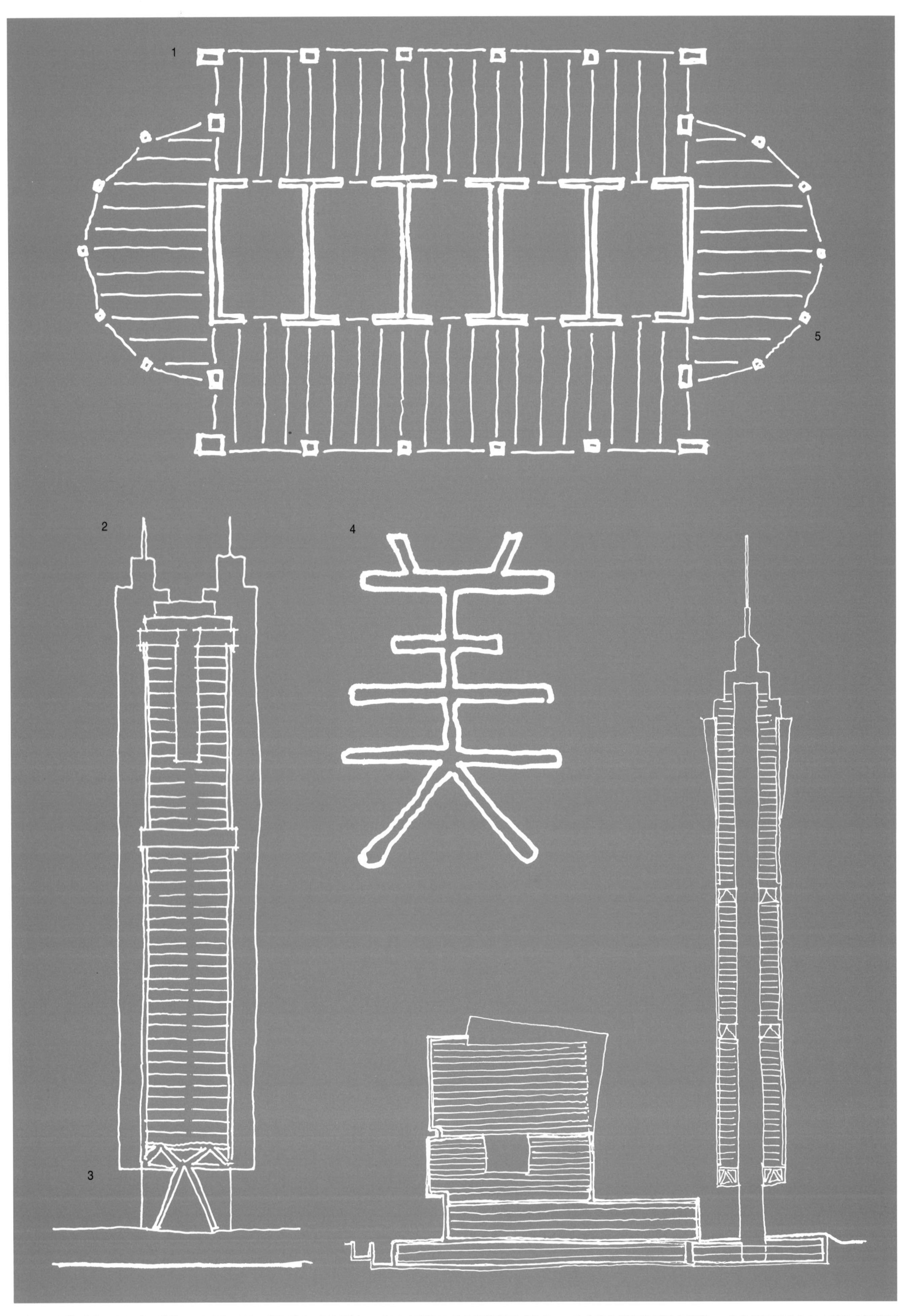

1.角柱从楼板边缘凸出出来，外墙呈圆柱状布置。

2.顶部采用双塔的形式，可以避免单塔形式所引起的能量集中。双塔既是冷却塔，也是通向构台的通道。

3.主框架矗立在钢桁构架形成的大厅之上。大型的A字形框架支撑着上部结构，框架底部则形成门廊。

4.主体的正面造型让人联想起中国的"美"字，它的意思是美丽。

5.钢板混凝土柱与大型核心筒共同作用以支撑整个大楼。次框架围成圆柱形。

当时已经没有时间排斥外来技术以发展本土的技术。因此，当时的政策是鼓励中国在外受教育及在海外定居的华人带着他们的技术及知识回国支持建设，从而避免浪费大量资金来购买外国专业技术。初步设计方案由美国加利福尼亚州伯克利市的建筑师提出。中标后，这位建筑师迅速抵达中国完成相应的结构方案。由于工期的压力，这个设计具有了不同寻常的连贯性与简洁性。

狭长的地域、拥挤的路网及其与众不同的城市风光产生了一个简洁的布置方案。地下停车场设置在螺旋坡道尾端，两车道中间轴心位置是一条购物商业街，以中国古老的树种——南方的常青树作为标志。新鲜的植被，当地明亮盛开的木棉花沿商业街倾斜地排列。在零售商业和办公用地的平台上，两座大楼拔地而起：一个超高层办公楼和一个稍低一些的住宅公寓，为了避免两座大厦相互遮挡，同时也为了保证获得更多的日照时间，两个楼体错开形成合适的角度。

在处理地震作用和台风荷载方面，这个结构综合应用了所有来自太平洋沿岸现代建筑的知识。最重要的是，有经验的工作队伍用相似的方法可以安全地完成这个工程。商业街及住宅公寓是预应力混凝土结构。简单地说，在当地的建筑行业里，施工大多采用人力，尽管劳动工人体力充沛，价格低廉，但他们的工作态度往往不够认真。

超高的大楼外形细长，它是由混凝土核心筒及钢的外壳和楼板组成。这种组合在太平洋沿岸分布广泛。开洞墙体可以有效抵抗较大的风荷载和地震的惯性力作用。钢材为外围灵活布置柱子提供了自由

商业街占据三角形的一角。进入停车场要经过两个螺旋坡道，这就决定了两个主体建筑的相对位置。

地王商业中心（地王大厦）

的空间。茂盛工程顾问亚洲公司和一家日本制造商新日本钢铁公司(Nippon Steel)为大楼所需要采用的钢框架展开了竞争，这种竞争可以获得最佳的结果。香港一批工程师在经验丰富的设计师乔治·吉列(George Gillett) 的带领下采用了澳大利亚的专业工程技术；而日本人则完成了重钢结构部分的工程——主框架的钢管混凝土巨型角柱。在建筑师的设计概念中，两个长墙做为屏幕分割划定了建筑物的范围，柱后形成的凹角区域则加强了这一概念。

西方把拐角办公室看作是身份的象征，但在这里则全无考虑。也没有刻意地考虑风水问题——风水观念认为建筑采用圆形的端部不能聚集地球的能量以抵御邪恶的影响，并且设计者解决了建筑场地周边角状路网的不和谐情况。圆形的端部在高处建成了一对与众不同的塔尖，小的亭阁上面配有中央空调和厨窗清洁设备。建筑顶部的双塔形式带有一种与城市目光相接的意味，而并不是用逐渐变细的尖塔带给人高高在上的感觉，这就使整个建筑充满了象征主义的色彩。它也体现了典型的后现代主义主题，最值得注意的是，一个楔形的单元在顶部楔入建筑主体中，几乎处处可见具有中国特色的形式表现。拐角处的棱边采用圆弧处理，并通过带状窗子分割开来。大楼的外形让人联想到中国传统的功夫衫。立面上可以抵御台风的厚重玻璃幕墙的绿色基调为整个大楼增添了生气。尤其令人感到意外惊喜的是，建筑正面看起来恰似中国文字的“美”字，这个字是美丽、漂亮的意思。建筑正面这种别具匠心的设计，不正是与象形文字在文学上的意念表达相契合吗?

上图：建筑入口削减了中层楼并插入了采光顶把主体从周围建筑中分离出来。

右图：表面上，墙体、结构、雨棚及外装饰是分别附着在立面墙板后面的结构体系上。

台北金融中心

(Taipei Financial Centre)

中国台湾省，台北，2004年
建　筑　师：李祖原建筑师事务所
(C.Y.Lee Partners)
结构工程师：永峻工程顾问股份有限公司
(Evergreen Consulting Engineering)

中国台湾岛是世界上地壳运动最活跃的地区之一。台北日报气象报道每天都附加前一天的地壳运动情况。在根据当地严重的台风及较差的地质条件所编写的规范中规定了当地建筑物的高度限制。然而，作为新的兴雅(Hsingy)金融和政治中心，这里建成世界最高塔——502m高（1650英尺），但这只是暂时的，很快会被建设中的香港九龙港中心（Kowloon Harbour Centre）超过。

这座大楼对横向荷载作用要有足够的抵抗能力，需要足以抵抗950年一遇的地震的作用，尽管这种大震发生的概率是1000年一次，但最近的一次却是在1999年，即9月21日的集集地震。在这里，巨型结构的概念在细节处表现得淋漓尽致。七层以下是大块的预应力混凝土剪力墙，钢支撑的核心多孔筒体与周边的8个巨型柱相结合，每8层就形成一个突出的巨型桁架。在这些类似小单元的空间里，金属盖板上由次框架支撑着荷载较小的轻质混凝土楼板，并且为控制因台湾强烈阳光而过热特别采用特制低辐射率的玻璃幕墙。

二十五层以下建筑的周边突出，支撑着上面大体积的塔身。邻近的低层建筑与大礼堂和零售商场分离开来。每8层便突出一些的坚固结构外形让人联想起塔的外形。具有中国的象征主义色彩的折起花瓣形状充分体现了繁荣昌盛。在夜晚，筛状表面在灯光的装饰下仿似浮动的灯笼。

构件及结构细节部分的设计考虑了建筑整体的坚固性和稳定性。周边的巨型柱是采用箱形截面，每块钢板厚80mm（3英寸），箱形柱内注入高强硅酸盐混凝土。柱箱形钢外壁的翼片和加劲肋使钢与混凝土两种材料形成延性良好的整体，所谓的延性是指当构件的弯曲应力超过了钢材的屈服极限但它仍能继续吸收能量直至完全破坏。大部分节点连接采用焊接，刚性连接的钢框架共同抵抗外力的作用。核心部分的钢构件一般是轧制型材，而巨型框架的构件则是采用通过板材焊接加工而成的组合构件，板件焊接组合时可形成长达1800km（1120英里）长的焊缝。柱子的尺寸为2.4m × 3m，当然这个尺寸是由多种

因素决定的，而非以强度为主要因素。技术工人将预先加热到100℃（212°F）的构件焊接起来，预先加热可以使金属较好的熔合。节点的设计应该充分考虑方便施工及可以修复两方面因素。控制结构构件尺寸的其他因素由起重设备决定。最初因石油工业需求而发展起来的大型起重机其较大的运送能力使得巨型框架的设想得以实现。复合柱子可被运送的体积由填充其混凝土的重量决定。

建筑顶部的塔尖与已有纪录比较，它可抵抗大楼能承受的最大风荷载。在结构使用过程中，涡流是不可避免的，焊缝相交部分为了避免因三向高应力反复作用而发生疲劳破坏而做成光滑圆角。

框架的刚度使结构的自振频率和噪声很大，几乎超出了人们的感知范围。为提高建筑抵抗循环荷载作用的能力，在第八十八层嵌入了一个钢球阻尼器。它重650吨，由焊接钢板形成摆锤，摆锤的钢板与一排不同的阻尼器相接触，并计数当荷载作用接近结构的自振频率时内在的能量。在工程建设中经常预报有大震，但可将这种不利转化为有利条件。在建筑中设置传感器来监控已完成部分建筑的反应，并将获得的信息用于再校准动力设计的计算模型，修正假定及调整安装的设备。

这个钢球阻尼器已经成为这座大楼的一大特色，在观望台和顶层餐厅都可以见到。

坚硬砂体之上有60m（200英尺）厚的软淤泥黏土，这样的地质条件只会加重地震的作用。因此结构基础都做得相当坚固，380多根桩打入沙体中，然后将桩端承台连在一起形成筏基以共同承担上部结构传下来的荷载。

在桩底部和砂体中弹性作用减小将使大楼及其周边建筑下沉35～55mm。工程结束后要对这个下沉水平进行调整。结构分析对预测建筑的逐渐下沉度（shortening）及其引起的变形与位移是必要的。在工程的主要阶段，可以利用以往大震及风荷载记录对结构已完成的部分进行结构分析，以评价其薄弱环节。2002年3月，里氏6.8级地震将两台在第六十层楼攀升的起重机振下，导致驾驶员及另外三人死亡。这属于自然灾害，可以减轻但却很难避免。

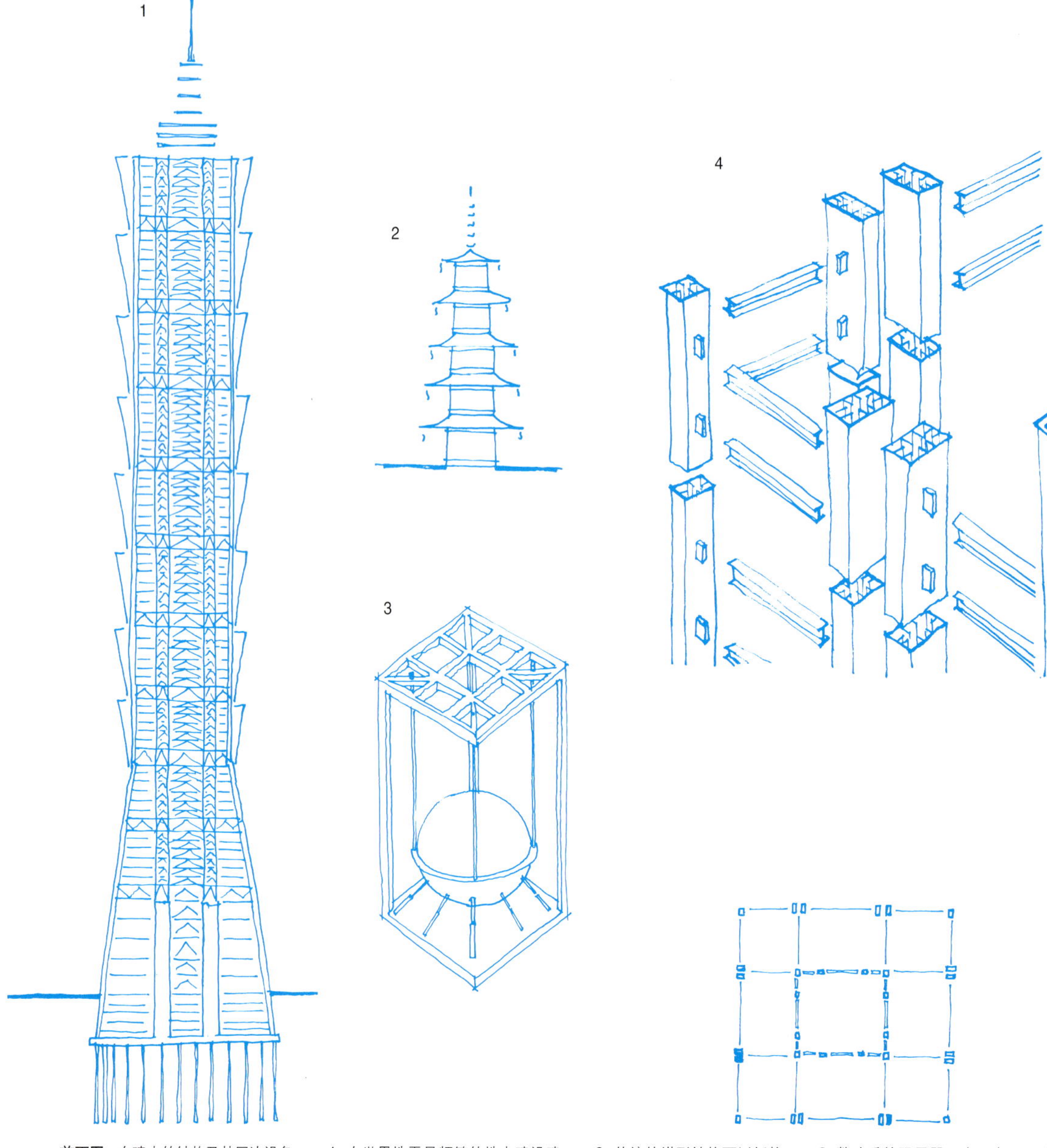

前页图：在建中的结构及其周边设备形成了小镇似的施工场地。临时的构架平台要支撑材料上千吨的重量。

1. 在世界地震最频繁的地点建设建筑，结构采用钢支撑核心筒，建筑的底层部分大量的混凝土支柱，使结构具有足够的刚度。

2. 传统的塔形结构可以抵抗地震作用。每一层的振动情况不同，这个建筑的设计中没有考虑这个影响因素。

3. 数吨重的阻尼器，由一个巨大的金属摆锤组成，摆锤由水压减震器围住，它对上部结构起重大作用。

4. 在结构中广泛采用巨型柱。钢管混凝土双柱与坚固的支撑核心筒骨架相连。

灯光的布置突出了结构的层次感。每一角向上照射的灯都被放置在构架的后面，并将外形分割成几小部分。

石油公司双塔

(Petronas Towers)

马来西亚，吉隆坡，1997年

建　筑　师：西萨·佩里建筑师事务所

结构工程师：桑顿·托马塞蒂工程师事务所/Ranhill Bersekutu有限公司

建筑可以无限高吗？怎样才可以控制建筑高度的不断增长？似乎欧洲和北美的城市再不能承受恢复经济发展的重任。当石油公司双塔取代芝加哥西尔斯大厦(Sears Tower)的地位成为世界上最高的建筑，这种竞争似乎转移到了太平洋沿岸“亚洲虎”经济区。也许这里的社会结构也使得人们更容易接受高层建筑，因为这里的人们认识到人口的流动可以掀起都市化的热潮。石油公司双塔是一个可用空间为170，000m^{2}以上的建筑群的一部分。其在建设中为未来可能的建设留下了运输基本设施以及额外的空间。工程招标中特别提到设计方案要能够反映马来西亚的风土人情和气候特点。竞标方案的成功与否要以与周围建筑比照相协调为依据，当然也包括与周围环境的融合程度以及居民的意见。

高层建筑在技术上已经成熟。高度超过400m以上的建筑的结构体系也发展较好。马来西亚规范规定的楼板厚度大于西方国家的一般楼板，所以，双塔的楼板的宽厚比可以达到1：8.6，宽厚比是一种比较宽度与厚度关系的方法。用结构自重除以有效底板面积这个参量来检查结构的效率。显然，随着结构高度的增加这个商值减小，当结构超过30层时这个商值又增加。超高层建筑物与4、5层的建筑相比，可以综合体现多种材料与能量的应用。根据统计学200m高建筑的建筑速度是每3天一层；但是石油公司双塔五年的工期就相当于每五天一层的速度。超高层建筑费用昂贵，也超出了一般建筑物的消耗程度。

建筑主体由预应力混凝土和钢材的巨型框架组成。竖向承载构件、核心及16根周边的巨型柱均采用高强混凝土，并在结构使用过程中共同作用，所以，特别是在正面，不必一定采用位移协调装置。钢框架结构体系支撑着混凝土楼板。主要的结构构件彼此捆绑在一起，以便减少风荷载引起的张力。如果要使得作用在框架的拉力得到有效抵抗，则需要设置昂贵的接缝处理和基础。结构中采用混凝土提高了建筑的总重量，但是，吉隆坡的地质条件非常复杂，淤泥覆盖着崎岖不平的石灰岩，

建筑表面有突出的氧化铝制半露柱、窗台及窗的下半部百隔栅。氧化铝表面起到镜子的反射作用，它反射的阳光使整个建筑熠熠生辉。

灯光效果使得结构的层次及对称性分外分明。地面上的大型灯具加强了双塔之间墙体的灯光反射。

装饰和照明灯光在大楼的顶尖汇集，中部的水平桥也通过灯光的照射成为焦点。

需要采用深桩基础，以使基础对上部荷载有足够的适应能力。当材料受力后，在结构混凝土中出现无数微裂纹，这些裂纹提高了结构的能量吸收水平（指裂纹出现要消耗能量且降低刚度）。在高层结构中，这就降低了结构振动反应，结构的固有阻尼足以将结构动力特性保持在结构可接受范围内，无须加设机械阻尼器。

巨型结构体系并没有通过大楼的建筑表达体现出来。给定许可的楼层宽度，双塔具有必需的楼层空间。他们的外形非常适合竖向运输系统，保障每天12000位工作人员的上下交通。双层电梯(double-decker lifts)提高了输送能力，而且安装了快速电梯空中输送系统并辅之以高层水平连接桥，极大地扩展了输送量。就该建筑物的视觉外观而言（这也是结构设计中比较成功之处），设计者很好地处理了两个高塔摆动产生的较大的相对位移。两个铰接的步行道伸出在中心圆环处相接，而圆环由每边相独立的细杆来支撑。

建筑具有当地文化的鲜明特征。最初12点星形设计在竞争中胜出，后来的设计有了细微的改动，改变了角度和圆螺弧线形成了一个八角形图案。这个图案在穆斯林世界广为流传，12世纪前后阿拉伯国家文化流传到欧洲，所以中世纪欧洲也能找到此种图案。中世纪的工匠们把它当作一种几何工具，来平衡尖塔和塔顶。把该图案用于石油公司双塔的外形，则形成了一个层状堆砌轮廓，与东南亚的佛塔和罗马三重冠的教堂等几个主要地区宗教风格相一致。

密排的宽大的铝合金檐口增添了这种宗教效果。挑出屋顶遮蔽了来自窗外的炎热，并且在玻璃线上方有保险隔板。在夜晚，水平边界线照明会暗一些，来突现宝塔效果。立面装饰板系统的节点允许主要框架结构在风荷载和长期荷载作用下产生弯曲。檐口保护了水平节点并且使竖框线受压，以便形成之字形边缘，在塔身刻凹饰纹，体现了复杂的平面形状。

连接桥在中心圆环处设置支撑，连接桥铰接于两边，由于这种滑动连接不传递力，使得塔能独立摆动。

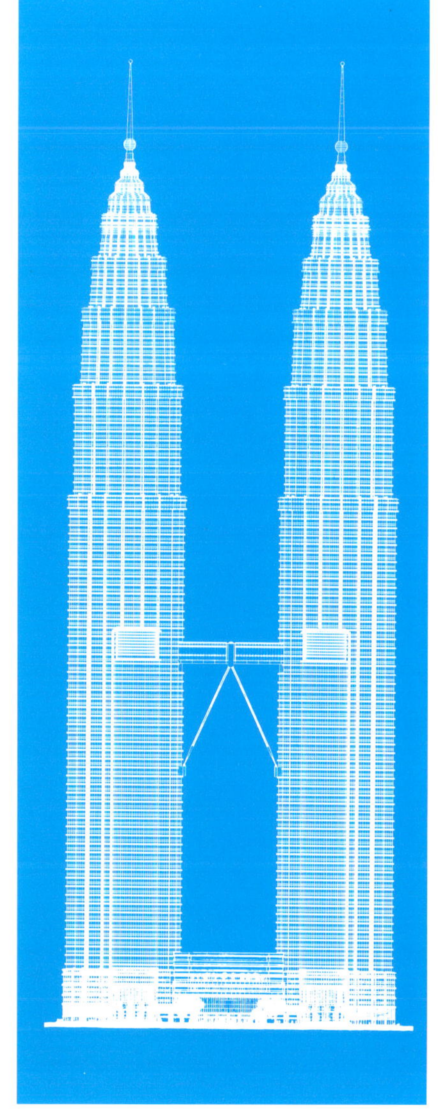

基座和空中大厅把两个塔连接成一个联合体，两塔间空间比例适当。

1

2

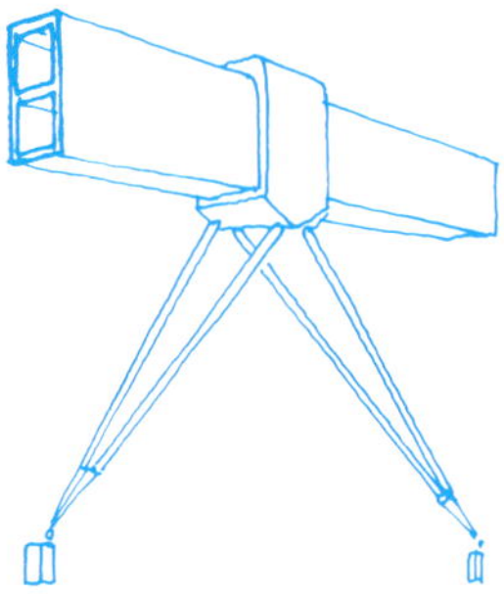

3

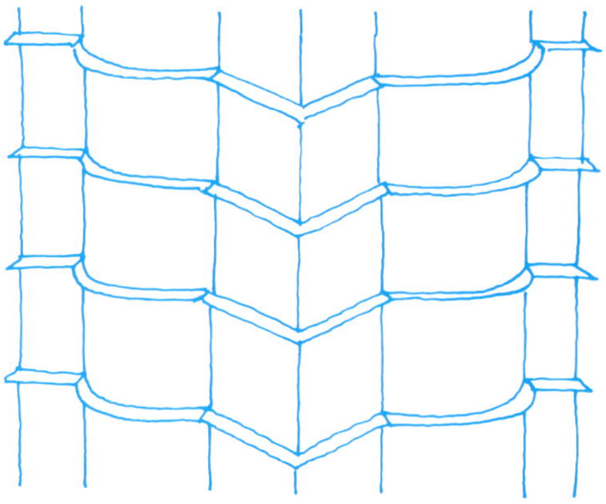

4

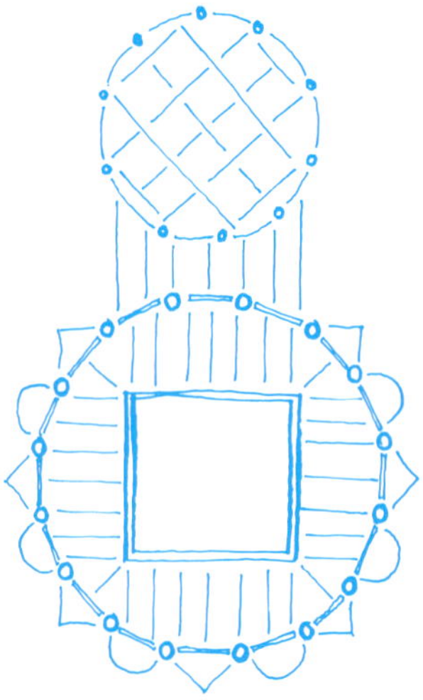

5

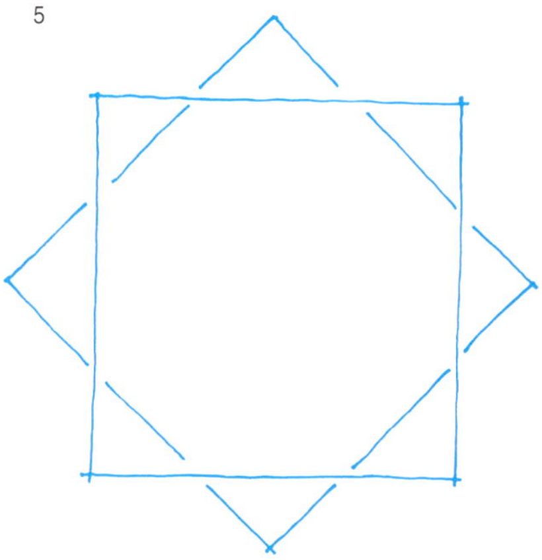

1. 循环高速电梯和局部水平连桥（distributors）将两个塔楼连接在一起。

2. 中部连接桥由两个双层板构成，由斜撑在中心轴环处连接，此组合件能伸缩扭转。

3. 水平方向窗台等高线，变化的曲线和转角模式由标准连接而形成。

4. 主要结构的组成为：一圈环形布置的巨型柱包围着一个方形核心。周边的复杂效果通过附属结构处理。

5. “八角”（ad quadratum）图形构成了平面，来自一种伊斯兰主题，这个几何图形曾经在东西方广为传播。

上图：经过装饰设计和采光设计的主要入口和公共大厅可以与外部设计相匹配，公共区域由镜面模板和玻璃板划分。

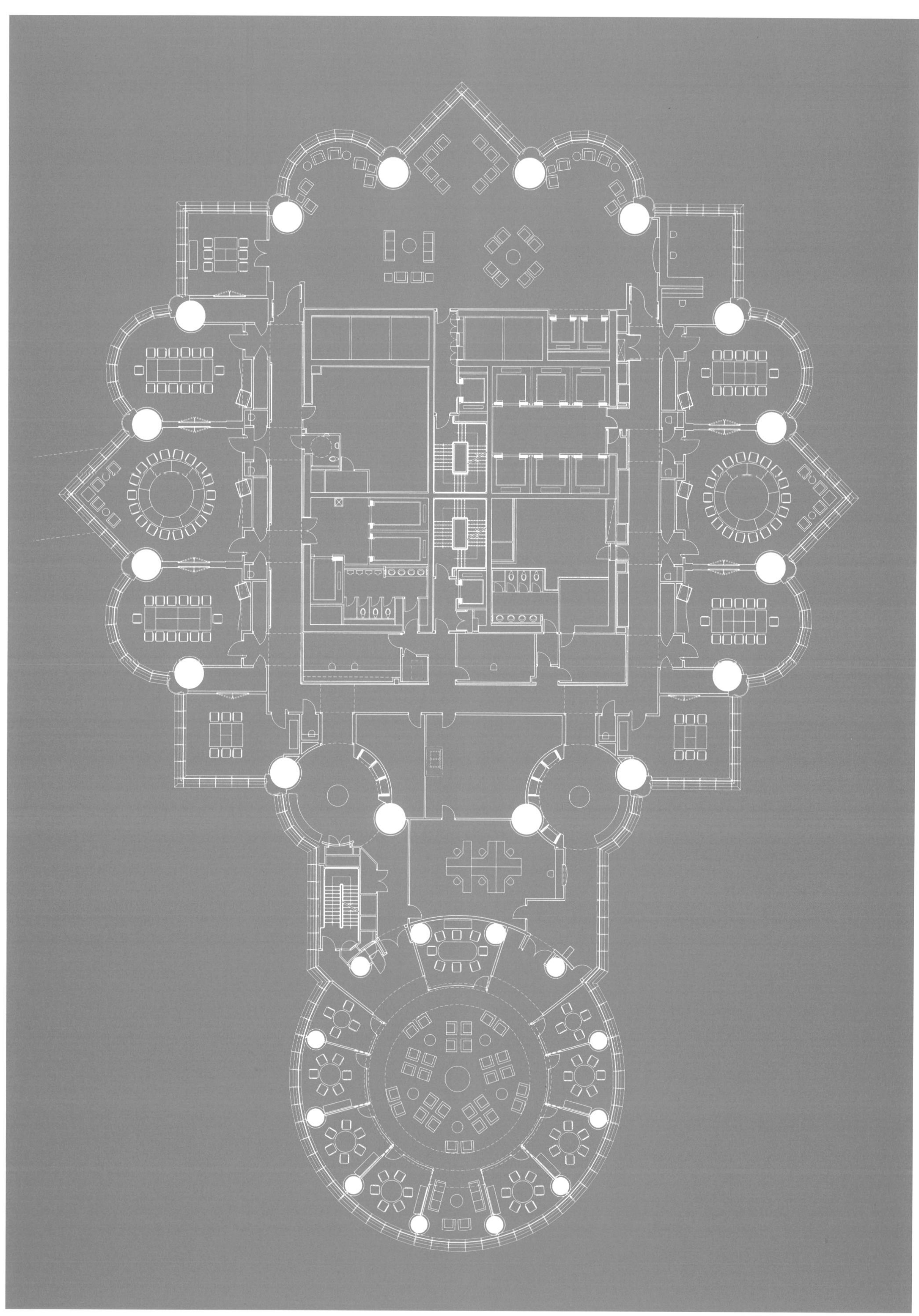

该方案的造型虽然使得结构和外墙的造价不菲，却能衍生多种多样的均衡合理的空间组织形式。局部循环是有效的、易识别的。

梅纳拉大厦

(Menara Umno)

马来西亚，槟榔屿岛，1998年

建 筑 师：T·R·哈姆扎/
杨经文建筑师事务所
(T.R.Hamzah and Yeang)

结构工程师：Tahir Wong

到目前为止，东南亚的高层建筑还没有进入和南美城市一样的都市化进程。取而代之的是大楼越来越巨型，其平面越来越复杂、界限分明、孤立于周围城市环境。因此，建筑师正积极考虑环境因素，寻找真正的本土建筑，希望这样的建筑能够与当地的环境融合在一起。

通过论著和建造工程实例，马来西亚的建筑师、学者杨经文(Ken Yeang)创立了发展高层建筑的一致性理论：即所谓"有关生物和气候"的摩天大楼。应用一系列的生态原则来设计高层建筑将会产生反应环境的建筑形式。形态学从后代的利益出发，结合考虑可持续发展，管理和节约资源。

梅纳拉大厦(Menara UMNO)，这座21层办公楼坐落于槟榔城的人口低密度区，是相对比较小的建筑，也是综合杨经文的理念的最新中型塔楼。该建筑被构思为一个城市的微观模型，使得建筑的整体性消失了，该项目被看成是各种单元的堆积。大面积的阳台和连接上下楼层楼梯的外部通道打破了传统结构的形式。能量在建筑内部传送和流通的模式是可视的，好像大楼属于城市街区的一部分。这样做的目的是产生一种新的使用格局，这幢建筑将用于居住和供人们通行，因此包含了各种娱乐设施满足一天甚至一周的需求。虽然管理方式存在多样性，但整体管理目标在于社会的和谐并排除种族隔离和疏远。通过空中花园可以接近自然，保证了居住者的健康，在室外空间大量种植植物对毗邻建筑产生了小气候。这些空中花园以规则间距分布，仿佛是建筑群这块露天织布中的斑点。这个想法引伸成"绿色表面"——悬挂花园作为挡风墙和为建筑面遮荫，对环境来说是自然的缓冲器，对鸟儿来说是回归城市潜在的避难所。由此，建筑物内植物种植便形成了竖向景观的完整体系。

大楼墩座也进一步细化，隔离成一

城镇的外形轮廓拼贴图，它按比例分割组成了新旧槟榔城多种多样的建筑类型。

电梯和电梯井合并成一个固体遮阳体，调节过度的光和热。

系列单元，包括零售亭、停车场和礼堂。结构方面，附属物搭建于简单的混凝土框架之上，巨型柱任意的切分空间，主要楼梯核心筒做为塔楼的侧向支撑，转换结构——梁和楼板的高（厚）度要大于普通楼层，这样做的目的是为了支撑富于变化的立面。和一些其他亚洲建筑一样，这座大楼也能被成功的细化，如在空中花园和露天平台上方的建筑空间被分成若干整齐的单元就清晰可见。

将结构框架暴露在外并没有产生经济效果，在没有增加建筑内部空间容积的情况下却增加了建筑物高度，所以整个大楼的建筑成本也增加了。增加至200mm（8英寸）的楼层厚度将使柱网跨度增加而且悬臂长度加长，楼高度只能控制在20层。然而，这个大厦的结构却被看成是向一致化巨型结构迈出了第一步，它不是通常被建筑大师们称之为代谢派的巨型建筑，相反，该大楼充分使用材料，结构形式相对不统一，这样就方便进行结构的修改和重复使用，而无须拆除和破坏原有结构。

这个项目是马来西亚第一个尝试实现对所有楼层空间进行天然控温的建筑。建筑物的使用空间中没有任何一处地方与自然光源成通风处的距离会超过6.5m（21ft），采用高大的“空气墙”（air walls）作为通风单元，有效加强了凉爽的微风，使之可以贯穿于整个建筑平面。中央空调系统只是用来以备万一。在内部，混凝土构件下端（soffit）没有装饰，通过裸露混凝土发挥主体结构的温度储存能力。重型混凝土通常能吸收和再发射能量，可以消除温度过高或过低带来的影响。

变化丰富的水平表面很容易收集雨水，可以采用人工降水来人为控制气候，集结的雨水可用于卫生间冲水和灌溉植物。虽然在该项目中尚未使用这样的技

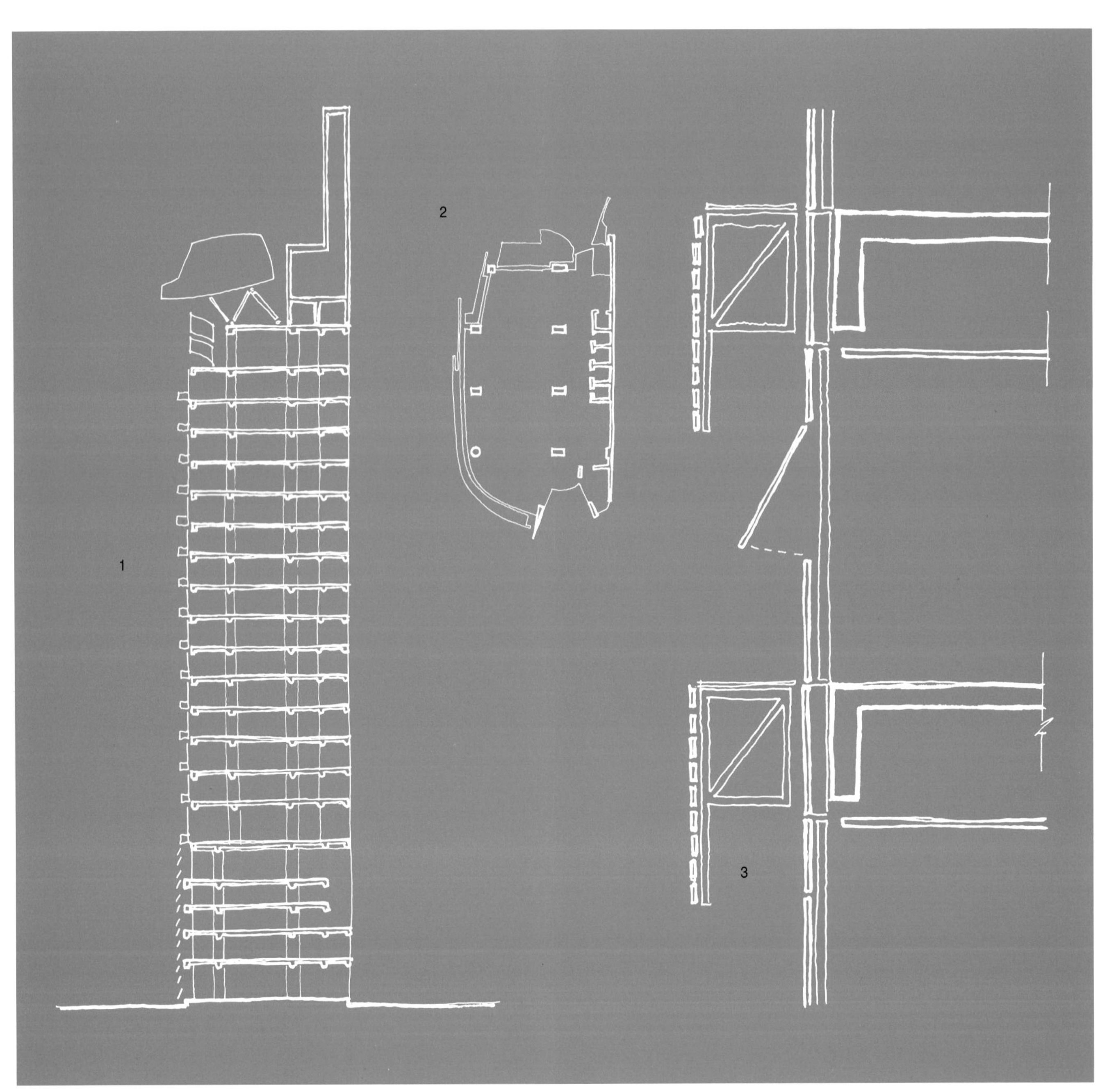

1. 建筑包含了现浇钢筋混凝土结构，楼层高度变化适应转换梁承载的要求。

2. 简单的柱和板结构，以纵横墙和电梯井做为侧向支撑，让楼板外挑形成外形轮廓。

3. 基本框架支撑一系列的钢构件、楼梯、雨棚和幕墙。挑檐和幕墙为平台和阳台遮荫。

右图：为了减少电梯的使用，在楼层之间鼓励使用环形楼梯。外部楼梯连着露台，为行人提供了宽阔的视野。

附属框架附加于主体结构之上，利用围墙和平台增加外部空间。

术，但建筑的外立面板和檐口板具有光电电池功能，以从日照中获取太阳能，然后再把能量输送到大厦内太阳照射不到的地方去。

建筑组成单元不规则掩盖了它成熟的美感。构件、螺栓连接和构件表面处理以及他们之间大小比例等所构成的外观从视觉上讲是平衡的。建筑设计让人想到这个老殖民地都市化的昔日的繁华。阳台和走廊的设置有意淡化了该大楼与附近一幢封闭而没有特色的建筑物的边界，这是一个发展中的本土建筑。该建筑物相对创意思想来说规模很小，思想不能恰如其分地任意发挥，但是它的重要性在于它是杨经文等人设计思想的转折点。等到了可以应用这些理论来建设的成熟阶段，建筑大师们可能会带来真正表现本土建筑形式的新东西。

阳光板用螺栓连接于板端，拱肩来为混凝土框架遮荫。天窗和外墙间的地带用来疏通暖风。

布尔季阿拉伯大酒店

(Burj Al Arab Hotel)

阿联酋，迪拜，1996年

建　筑　师：阿特金斯及合伙人事务所
(W.S.Atkins and Partners)

结构工程师：阿特金斯及合伙人事务所

该设计极佳地运用了结构单元，中庭周围由聚四氟乙烯胶合板玻璃纤维膜所环绕。

“美国商人从此可以幸福地生活下去了”杰伊·普里茨克(Jay Pritzker)使这个梦想变成了现实。在阿瑟·米勒的名剧《推销员之死》上演后的6年之中，杰伊·普里茨克这位第二代俄裔企业家开始建造一系列的酒店，不但方便了机场交通，还提供在短期内可劳逸结合的多种娱乐休闲方式。凯悦连锁饭店出现了：推销员的客栈成了度假胜地的酒店，退休年龄的提前和奖金的充裕使酒店标准提高了，变得奢华而丰富。建筑师约翰·波特曼(John Portman)为假日酒店增加了一项新的设计理念，创立实现封闭环境的流派，其几乎完全独立于周围环境。奢华的房间群立于大前庭的内部、上部和顶部。

布尔季大酒店是世界上第一个六星级酒店，这个塔形建筑是世界最不规范的建筑之一，没有受任何传统建筑类型的限制。一所现代娱乐的宫殿，建于波斯湾的人造岛之上，周围都是沙漠。这里完全是一个创造娱乐和等级压倒一切的地方。营造娱乐场地奢华氛围的目的性很强。建筑物和海岸线的地理位置是独立的。

大楼的主体是框架支撑结构，附属两个侧翼，在竖向核心关键部位相连，围绕着向东高大的中庭地区。中庭的第三面包裹于一块巨大的建筑膜屏幕中。纤维墙通过钢横梁，弓形朝外悬挂于塔顶。用花边墙模仿帆船通过时激起的浪花。它平面上的弧度有利于抵抗风荷载。布膜被张拉成型和绷紧，使得它成为刚性的双曲面，“双曲线抛物面”完美的造型使结构处于最低的能量状态。因此结构具有相当好的稳定性，膜面透光率为15%左右，在白天，中庭明亮而通风，没有受附近沙漠暴日照射的影响，在夜晚，内部光反射到海湾周围形成带有梦幻色彩的美丽景观。

在阳台上也可以享受安在大厦内部的

在波斯湾的人造岛上，度假酒店立于桩柱之上，由于周围的防浪堤而形成一个完全封闭的环境。

"绿洲"空气调节系统。整个结构一目了然,并可以把参观者的注意力吸引到摆放在主层上的商品中来。酒店客房四周的墙壁、隔墙和隔断以及框架的柱网经过精心考虑布置在相对紧密的空间里。由于楼盖梁采用了浅梁，减小了楼板高度和整个建筑物的自重，为各种管线提供了更多的空间。分散的支撑形式使基础布置更加灵活。用驳船可以很容易的把桩打入坚实的海床里，而且不影响四周的填海工作。这样人工岛就可以完成，而不用其他的措施以避免长期沉降。

建筑物的细部有着更多的特色，各类专家尽其所能来设计它：玻璃，膜结构，覆层等，都用上了最新的科技，并把这些要素完美的结合起来。结构的底部用巨型外框架装饰，框架由构成风帆桅杆状物的网格及支撑组成。大厦的整体以逐渐变化的锥度一直到最高点的尖顶。全景餐厅的独特之处是面向广阔的大海，而且建在很高的巨大悬臂上。直升机平台由天井上方伸出的托架支撑，直升机由于沙漠上升气流的影响，降落到直升机平台时需要高超的技术。

建筑的外形设计经过了风洞测试。选址则选在离岸很近的海滨上，这样可以充分享受到海边凉爽的风。这种风的能量介于陆风和海风之间，而且沙漠的高温会使它变得猛烈，所以阻止沙和灰尘的渗入是个大问题。试验确定了风压在建筑物复杂形状的表面的分布情况，并验证了塔体和表面膜结构的稳定性。

内部的环境也是一个重要的参数。在这里要强调一下空气在建筑物里的流动。在所有具有天井的建筑物中，火灾问题是需要格外注意的：巨大的内部空间，高耸的天井，都有可能加速烟和火焰的扩散。现代火灾工程学借助于计算机模型，可以模拟数目巨大的火灾燃烧场景（例如可以显示哪里可能燃烧），然后得出结论（例如显示它是怎样燃烧的）。为了避免不美观的隔墙和屏障，采用了设置"集烟池"的做法，专门的空间被用来容纳烟雾，防止其冷却并扩散到四周。高层上的自动通风口被用来排除烟气或把火向上引，把火灾控制在一定的空间内以便扑灭它。

1. 大厦的基础采用的是深入海底的桩基础，四周堆满了回收利用的废弃物。

2. 建筑物的外形可以减弱从陆地吹向海边的风，这样大厦顶端的直升机停机坪可以减少由于风吹建筑物产生的震动。

3. 作为支撑的骨架放在主建筑物的外面，起到装饰的作用。象雨棚似的餐厅向外悬挑、与两侧相连，并与建筑的环形核心部分垂直相交。

4. 外表面的薄膜被分成许多块，悬吊在塔的顶点上。弧形的肋梁跨过前墙（front wall），像船帆一样把薄膜张紧。

右图：玻璃的外表面反射着沙漠地区耀眼的光芒。大厅的幕墙可以过滤掉¾的阳光，给室内的人们提供明亮均匀的采光。

项目名称

格拉斯哥翼塔
Wing Tower, Glasgow
Architect: Richard Horden
Client: Glasgow Science Centre
Structural engineer: Buro Happold

瑞士再保险总部大厦
Swiss Re Headquarters, London
Architect: Foster and Partners
Client: Swiss Re
Consultants: Gardiner and Theobald, Hilson Moran Partnership Ltd, BDSP, Ove Arup & Partners, RWG Associates, Sandy Brown Associates

伦敦桥塔
London Bridge Tower, London
Architect: Renzo Piano Building Workshop architects in collaboration with Broadway Malyan Architects & Designers, London
Client: Sellar Property Group
Consultants: Ove Arup & Partners/Lerch Bates Associates

联盟大楼
Grand Union Building, London
Architect: Richard Rogers Partnership
Client: PDCL (Paddington Development Corporation Ltd) / Chelsfield plc
Project manager: Mace
Structural engineer: Pell Frischmann
Services engineer: Cundell Johnston & Partners
Cost consultant: Davis Langdon & Everest

Heron塔楼
Heron Tower, London
Architect: Kohn Pedersen Fox
Client: Heron Group
Property consultants: Insignia Richard Ellis
Structural engineer: Ove Arup & Partners
Services engineer: Foremans
Cost consultant: Davis Langdon & Everest

都柏林尖塔
The Spire of Dublin, Dublin
Architect: Ian Ritchie Architects: Ian Ritchie, Robin Cross (project architect) Gordon Talbot, Phil Coffey
Client: Dublin City Council
Structural and services engineers: Arup
Quantity surveyor: Davis Langdon & Everest
Lighting: Ian Ritchie Architects/La Conch
Main contractor: SIAC/Radley Engineering joint venture
Suppliers: Steel forming - Barnshaw Steel Bending

无止境大厦
Tour sans Fin, Paris
Architect: Atelier Jean Nouvel
Client: SCI Tours sans Fin
Structures and foundations: Ove Arup & Partners
Fluids: OTH, Trouvin Ingenierie
Security: Casso Gaudin
Models: Etienne Follenfant, Gerard Vois

Agbar大厦
Torre Agbar, Barcelona
Architect: Atelier Jean Nouvel
Client: Layetana
Façades: Arnauld De Bussiere
Fluids: Ibering
Acoustics: Estudi Acustic, Higini Arau
Scenography: Ducks, Michel Cova
Lighting design: Yann Kersale
Colour study: Alain Bony
Structural engineers: Brufau/Obiol S.A.

Habitat 酒店，Hesperia 酒店及办公大厦
Hotel Habitat, Hotel Hesperia and Office Towers, Barcelona
Architect: Dominique Perrault, Paris
Client: Grup Riusec
Associate architect: Activitats Arquitectoniques
Structural engineer: Brufau I Associats/Pamias Industrial Engineering

商业银行大厦
Commerzbank, Frankfurt
Architect: Foster and Partners
Client: Commerzbank
Structural engineer: Ove Arup and Partners
Environmental consultant: RP & K Sozietat
Main contractor: Hochteif AG

波茨坦广场的德比斯大楼
Debis House, Potsdamer Platz, Berlin
Architect: Renzo Piano Building Workshop in association with Christoph Kohlbecker
Client: Daimler-Chrysler AG
Structural engineer: Boll and Partner

德国波恩邮政大厦
Deutsche Post, Bonn
Architect: Murphy/Jahn, Inc.
Client: Deutsche Post Bauen GmbH
Structure/Enclosure: Werner Sobek Ingenieure GmbH
Energy/Comfort: Transsolar Energietechnik GmbH
Mechanical systems: Brandi Consult GmbH
Landscape architect: Peter Walker & Partners
Site architect: Heinle, Wischer und Partner
Lighting consultant: L-Plan, Michael Rohde
Lighting art: AIK Expeditions Lumière, Yann Kersalé
Façade consultant: DS-Plan
Building physics: Horstmann + Berger
Associate landscape architects: Gottfried Hansjakob, Wolfgang Roth

Colorium办公楼
Colorium, Düsseldorf
Architect: Alsop Architects Ltd, London
Client: Ibing Immobilien Handel GmbH & Co. Hochhaus KG, Düsseldorf
Structural engineer: Arup GmbH, Düsseldorf
Ground surveyor: Geotechnisches Büro Dr. E.-H. Müller, Krefeld

Mechanical and electrical engineer: intecplan GmbH, Düsseldorf
Façade consultant: DS-Plan, Stuttgart
Building physics consultants: Institut für Bauphysik/DS-Plan, Mülheim
Lighting consultants: Schlotfeldt Licht, Hamburg,
Landscape design: Alsop Architects Ltd, London,
Main structural contractor: Arbeitsgemeinschaft Hamelmann Heine, Düsseldorf,
Façade manufacturer: Bug-AluTechnic AG, Austria

慕尼黑Uptown高楼
Uptown München, Munich
Architects: Ingenhoven Overdiek Architekten, Düsseldorf
Client: Hines
Structural engineer: Burggraf, Weichinger and Partner, München
Engineering consultant: Frankfurt (high-rise); HL-Technik, Munich (campus buildings)
Façade: DS-Plan GmbH, Stuttgart
Light engineering: v. Kardorff Ingenieure, Berlin
Landscape architecture: Prof. Lange, Hamburg
Construction planning: ATP Achammer Tritthardt + Partner, München

伯吉瑟尔滑雪台
Bergisel Ski Jump, Innsbruck
Architect: Zaha Hadid Architects, London UK
Client: Austrian Ski Federation
Local firm: Baumeister Ing. Georg Malojer, Innsbruck, Austria
Project architect: Jan Huebener
Structure: Jane Wernick, London/Christian Aste, Innsbruck
Services: Technishes Buro Ing.
Heinz Purcher, Schlaming Technishes Buro
Matthias Schrempf, Schlaming
Peter Fiby, Innsbruck
Lighting: Office for Visual Interaction, New York
Ski jump technology: Bauplanungsburo franz Fuschlslueger, Austria

双塔
Twin Towers, Vienna
Architect: Massimiliano Fuksas
Client: Immofinanz Immobilien Anlagen AG, Vienna and Wienerberger Baustoffindustrie AG, Vienna
Structural engineer: Büro Thumberger + Kressmeier
Facilities project: Altherm, Baden
Façades: Götz GmbH & Co. KG, Würzburg
Cladding: MCP Austria, Vienna
Lighting project: Die Lichtplaner, Innsbruck
Lighting: Philips, Vienna

蒙特维德奥大楼
Montevideo, Rotterdam
Architect: Mecanoo Architecten
Client: ING Real Estate
Structural engineer: ABT

旋转大楼
Turning Torso, Malmö
Architect: Santiago Calatrava
Client: HSB, Malmö, Sweden
Structural engineer: Santiago Calatrava SA
Main contractor: NCC, Malmö, Sweden

斯特拉托斯费尔塔(又译:云霄塔)
Stratosphere Tower, Las Vegas
Architect: Gary Wilson
Client: Stratosphere Hotel Casino
Structural engineer: Brent Wright

孔代·纳斯特塔楼
Condé Nast Tower, New York
Architect: Fox and Fowle Architects
Client: The Durst Organization
Project team: Bruce S. Fowle FAIA, Design Principal/Daniel J. Kaplan AIA, Project Director
Main contractor: Tishman Construction Corporation
Consultant: Cosentini Associates (MEP & Lighting Design)
Structural engineer: Ysrael Seinuk

纽约时代大楼
New York Times Building, New York
Architect: Renzo Piano Building Workshop in collaboration with Fox and Fowle Architects, P.C. (New York)
Client: The New York Times / Forest City Ratner Company
Structural engineer: Thornton-Tomasetti Engineers

美国在线——时代华纳中心
AOL Time Warner Center, New York
Architect of record: Skidmore, Owings & Merrill LLP
Client: Columbus Center LLC/Time Warner
Project management: John Moran, Philip Palmgren, Katherine Springer
Structural engineer: Cantor Seinuk Group
Civil engineer: Philip Habib & Associates
Mechanical engineer: Cosentini Associates
Landscape architects: Ken Smith Landscape Architect
Lighting design: Cline, Bettridge, Bernstein Lighting Design, Inc.
Consultants: Vollmer Associates, LLP

高崖
Highcliff, Hong Kong
Architect: Dennis Lau and Ng Chun Man Architects and Engineers (H.K.) Ltd
Client: Central Management
Structural Engineer: Magnusson Klemencic Associates/Maunsell Group
Construction Company: Hip Hing Construction Co. Ltd./Davis Langdon & Seah Intl

国际金融中心二期
International Finance Centre II, Hong Kong
Design Consultant: Cesar Pelli & Associates, New Haven, Connecticut
Cesar Pelli, Design Principal
Client: Central Waterfront Property Project Management Company Ltd.
Project principal and collaborating designer: Fred W. Clarke
Architect of record: Rocco Design Limited
Associate architect/exterior wall: Adamson Associates
Planner: Masterplan Limited
Urban design consultant: Designscape International Ltd.
Landscape consultant: Urbis Limited
Structural engineer: Ove Arup & Partners, Hong Kong
MEP engineer: J. Roger Preston, Ltd.
Quantity surveyors: Levett & Bailey
General contractor: E Man-Sanfield JV Construction Ltd.

地王商业中心(地王大厦)
Di Wang Commercial Centre, Shenzhen
Architect: K.Y. Cheung Design Associates
Client: Karbony Investment
Structural engineer: Leslie E. Robertson Associates/Maunsell

台北金融中心
Taipei Financial Centre, Taipei
Architect: C. Y. Lee Partners
Client: Kumagai Gumi/Turner Construction Co.
Structural engineer: Evergreen Consulting Engineering

石油公司双塔
Petronas Towers, Kuala Lumpur
Architect: Cesar Pelli and Associates
Client: Kuala Lumpur City Centre Holdings Sendirian Berhad
Architect of record: KLCC Berhad Architectural Division, Kuala Lumpur, Malaysia
Associate architect: Adamson Associates, Toronto, Ontario
Landscape design: Balmori Associates and NR Associates
Structural engineers: Thornton-Tomasetti Engineers and Ranhill Bersekutu Sdn. Bhd
MEP engineers: Flack + Kurtz and KTA Tenaga Sdn. Bhd

梅纳拉大厦
Menara UMNO, Penang
Architect: T.R. Hamzah and Yeang
Architect/Planner: Kenneth Yeang
Client: South East Asia Development Corp.
Structural engineer: Tahir Wong Sdn Bhd

布尔季阿拉伯大酒店
Burj Al Arab, Dubai
Architect: W.S. Atkins and Partners
Client: Jumeirah Beach Resort
Structural engineer: W.S. Atkins and Partners
Co-contractor: Al Habtoor Engineering
Co-contractor: Fletcher Construction
Co-contractor: Murray & Roberts
Steel construction: Eversendai Engineering
Subcontractor: DOKA (formwork)
Subcontractor: TYCSA
Lifting: VSL International

图片来源

Corbis/Historical Picture Archive **7**
Corbis/Dave Bartruff **8**
Corbis/Bettmann **10**
Corbis/Angelo Hornak **12L**
Arcaid/Niall Clutton **12R**
Arcaid/John Edward Linden **13**
Arcaid/Mark Fiennes **15L**
Arcaid/Ezra Stoller **15R**
Arcaid/Ezra Stoller **16**
Arcaid/Peter Aaron **17**
Corbis/Bettmann **18L**
Kevin Roche John Dinkeloo and Associates LLC **18R**
Arcaid/Bill Tingey **19L**
Arcaid/Alex Bartel **19R**
Future Systems **21**
Arcblue/Keith Hunter **24, 26/27, 28**
View/Grant Smith **31**
View/Peter MacKinven **33**
View/Dennis Gilbert **35**
Renzo Piano Building Workshop/Hays Davidson & John McLean **36**
Renzo Piano Building Workshop/ Frederic Terreaux **38/39**
Richard Rogers Partnership/ Eamonn O'Mahony **42L**
Richard Rogers Partnership/ Hayes Davidson **42/43**
Richard Rogers Partnership/ Eamonn O'Mahony **45**
Images courtesy of KPF/ Hayes Davidson, GMJ **49, 51, 53**
Ian Ritchie Architects/Barry Mason **54**
Atelier Jean Nouvel/Georges Fessy/©ADAGP, Paris and DACS, London 2005 **58, 59, 61**
Atelier Jean Nouvel/©ADAGP, Paris and DACS, London 2005 **62, 63, 64,** Artefactory **67, 68/69**
View/Dennis Gilbert **65**
Dominique Perrault Architecte ©ADAGP, Paris and DACS, London 2005 **70, 71, 72**
View/Dennis Gilbert **74**
Foster and Partners /Nigel Young **75,77, 78T**
View/Dennis Gilbert **78B**
Foster and Partners/Ian Lambot **79**
Renzo Piano Building Workshop/Cano Enrico **80**
Renzo Piano Building Workshop/ Mosch Vincent **81**
Renzo Piano Building Workshop/ Berengo Gardin Gianni **83, 85**
Murphy Jahn/Andreas Keller **87**
Murphy Jahn/Josef Gartner **88**
Murphy Jahn **89B**
Murphy Jahn /HG Esch **89T**
Murphy Jahn/Deutsche Post Andreas Keller **90,91**
View/Dennis Gilbert **92/3, 94**
Ingenhoven Overdiek Architekten/ H. G. Esch, Hennef **98, 101, 102**
Zaha Hadid Architects/Hélène Binet **105, 106, 107, 109**
M. Fuksas/Angelo Kaunat **110**
M. Fuksas/Rupert Steiner **111**
M. Fuksas/A. Furudate **112**
M. Fuksas/Angelo Kaunat **115**
Mecanoo Architecten b.v **116, 117**
Santiago Calatrava SA **121**
Courtesy of NCC AB **123L**
Courtesy of NCC AB **123R**
Santiago Calatrava **125**
Corbis/Joseph Sohm; ChromoSohm Inc **126/127**
Corbis/Richard Cummins **129**
Corbis/Gunter Marx Photography **130**
Arcaid/ Neil Troiano **132/133**
ESTO/Jeff Goldberg **135, 136**
Renzo Piano Workshop/Michel Denance **139**
Renzo Piano Workshop/Michel Denance **141**
SOM **143, 144, 147**
Dennis Lau & Ng Chun Man **148, 149, 151, 152, 153**
Cesar Pelli & Associates Architects/Virgile Simon Bertrand **154, 155**
IFC Development Limited **157, 158, 159,**
American Design **160, 161, 163, 164, 165**
AFP/Getty Images/ Patrick Lin **166/167**
EPA/PA Photos **169**
ESTO/Jeff Goldberg **170, 171, 172, 173, 174**
Courtesy of T.R. Hamzah & Ken Yeang **176, 177, 179, 180, 181**
Chris Caldicott **182, 183, 185**

致谢

The following architects and engineers were kind enough to allow me to interview them about projects featured in the book: K. Y. Cheung (Di Wang Centre, Shenzen), Fred Pilbrow (Heron Tower, London), David Dumigan and Greg Sang (IFC II, Hong Kong), Richard Horden (Wing Tower, Glasgow) and Cristina Garcia (for information on Spanish examples). I would also like to thank project editor Mark Fletcher, designer Neil Pereira, picture researcher Claire Gouldstone, researcher Della Pearlman at Techniker, and Philip Cooper and Liz Faber at Laurence King.